新工科建设·计算机类系列教材

Python 数据安全
实践教程

主　编　章增优　马无锡

副主编　林天如　潘益婷　郭华峰

参　编　徐欣欣　范　渊　桂　凯　朱潋滟　王恒心

电子工业出版社

Publishing House of Electronics Industry

北京·BEIJING

内 容 简 介

本书名为《Python 数据安全实践教程》，是一本专门针对数据处理与数据安全领域的专业指导书籍。它旨在通过 Python 这门功能强大且易学的编程语言，帮助读者深入理解数据的本质，掌握数据采集、清洗、分析及数据的安全保护等关键技能。

本书涵盖了数据处理与数据安全的各个方面，包括 Python 数据处理与数据安全概述、数据的爬取与保护、Python 的数据操作与安全、数据加密与 Python 应用、网络与数据传输安全（网络数据安全 Python 实践）、数据存储与安全，以及 Web 服务器与应用系统安全的 Python 实践，共 7 章。

本书的特点是强调实际操作，每章都包含实践任务，帮助读者将学到的理论知识应用于实际项目中。同时，本书以 Python 为核心，使读者能够掌握一门强大的编程语言，用于应对数据处理与数据安全的挑战。此外，本书涵盖了数据处理与数据安全领域的各个方面，为读者提供全面的知识和技能。

总的来说，本书是一本理论与实践相结合的实用教程，适合所有对数据处理与数据安全感兴趣的读者阅读和学习。

图书在版编目（CIP）数据

Python 数据安全实践教程 / 章增优，马无锡主编. —北京：电子工业出版社，2024.7

ISBN 978-7-121-47860-4

Ⅰ. ①P… Ⅱ. ①章… ②马… Ⅲ. ①软件开发－安全技术－教材 Ⅳ. ①TP311.522

中国国家版本馆 CIP 数据核字（2024）第 097468 号

责任编辑：康　静
印　　刷：三河市兴达印务有限公司
装　　订：三河市兴达印务有限公司
出版发行：电子工业出版社
　　　　　北京市海淀区万寿路 173 信箱　　　邮编：100036
开　　本：787×1092　　1/16　　印张：12.25　　字数：267.54 千字
版　　次：2024 年 7 月第 1 版
印　　次：2024 年 7 月第 1 次印刷
定　　价：47.50 元

凡所购买电子工业出版社图书有缺损问题，请向购买书店调换。若书店售缺，请与本社发行部联系，联系及邮购电话：（010）88254888，88258888。

质量投诉请发邮件至 zlts@phei.com.cn，盗版侵权举报请发邮件至 dbqq@phei.com.cn。

本书咨询联系方式：（010）88254178，liujie@phei.com.cn。

序

在当今信息时代，数据无疑是社会的重要动力之一。数据的采集、处理和安全存储已经成为组织和个人生活中不可或缺的一部分。数据的价值在于它的多样性和广泛性，可以用于推动创新、解决问题和做出决策。然而，随着数据量的不断增加，数据处理和数据安全变得愈加复杂和关键。

本书将引导读者进入数据处理与数据安全的世界，并为读者提供掌握 Python 编程技能的机会，帮助读者了解数据的本质，学习如何采集、清洗、分析和保护数据，以及如何构建安全的网络应用程序和数据库系统。

数据的力量：数据具有无限的潜力，可以用于预测趋势、改进产品、提高效率，甚至挽救生命。从医疗保健到金融、从教育到政府，数据都在推动着创新和进步。但随着数据的广泛应用，我们也承担着巨大的责任，以确保数据的安全和隐私。

Python 编程的魅力：Python 是一门令人着迷的编程语言，它的简单性和灵活性使其成为解决各种数据处理和安全问题的理想选择。无论是对初学者还是对有经验的开发者，Python 都可以提供丰富的工具和库，用于处理数据、加强安全性、构建应用程序，甚至进行网络安全测试。

本书共 7 章，每章都深入研究了数据处理与数据安全的不同方面，以及如何应用 Python 解决相关问题。从数据的采集、清洗到网络传输的安全性、数据库操作，再到 Web 应用的安全性，本书将为读者提供翔实的知识和实际操作过程。

本书的特点介绍如下。

实际操作：本书强调实际操作，每章都包含实践任务，帮助读者将学到的理论知识应用于实际项目中。

编程运用：本书以 Python 为核心，使读者能够掌握一门强大的编程语言，用于应对数据处理与数据安全的挑战。

全面涵盖：本书涵盖了数据处理与数据安全领域的各个方面，为读者提供全面的知识和技能。

　　数据处理与数据安全是当今世界的关键领域，无论是学生、工程师、数据科学家，还是对数据安全感兴趣的任何人，都可以通过本书学习相关的知识和技能。本书也可作为开展中高职一体化教学的参考教材。我们鼓励读者积极参与每章的实践任务和练习，将学到的知识付诸实践。

　　本书配备立体化教学资源，包括教学课件、教案、习题及答案、教学视频、源代码，有需要的教师和学生可以登录华信教育资源网（www.hxedu.com.cn）下载。

　　希望本书能帮助读者在数据处理与数据安全领域取得成功，为自己的事业和社会的发展贡献力量。让我们一起开始这充满挑战和机会的学习之旅吧！

在这个数字化时代，数据已经成为最重要的资源之一，无论是政府、企业还是个人，都依赖于数据进行决策、创新和沟通。但随之而来的挑战是如何处理、保护和安全地利用这些宝贵的数据资源。

本书的使命是帮助读者掌握 Python 编程技能，使读者能够在数据处理与数据安全领域脱颖而出。本书将引导读者深入探讨数据的本质，数据的采集、清洗、分析，以及数据的安全保护。重要的是，本书专注于 Python 编程语言，它是一门功能强大且易学的语言，特别适用于数据处理和安全应用。

本书的目标

1. 启发读者对数据的深刻理解：帮助读者了解数据的定义、数据的生命周期和数据的价值与风险，以及数据处理和安全的基本概念。

2. 提供实用的 Python 编程技能：通过学习本书，读者将掌握 Python 编程技能，了解其基本概念、数据类型、控制结构、函数和类等。

3. 解决实际问题：为读者提供大量实际的案例和练习，使读者能够应对数据处理与数据安全的实际挑战。

4. 深入研究数据安全：帮助读者了解数据加密、网络传输安全、数据库安全和 Web 应用安全等领域，以确保数据的完整性和隐私性。

本书的内容

第 1 章：Python 数据处理与数据安全概述

本章将介绍数据处理与数据安全的基本概念，并引导读者进入 Python 编程的世界。

第 2 章：数据的爬取与保护

本章将深入探讨数据采集的技术和数据爬虫的原理，以及如何处理数据采集过程中的安全问题。

第 3 章：Python 的数据操作与安全

本章将介绍数据清洗、数据分析、数据安全与数据质量的相关内容，以及如何应用 Python 解决实际数据处理问题。

第 4 章：数据加密与 Python 应用

本章将深入研究密码学基础和 Python 中的密码学库，帮助读者了解数据加密的原理和实际应用。

第 5 章：网络与数据传输安全（网络数据安全 Python 实践）

本章将重点关注网络安全和数据传输的安全性，以及如何构建安全的网络应用程序。

第 6 章：数据存储与安全

本章将涵盖文件存储、数据库操作及数据库的安全管理，以确保数据的完整性和可靠性。

第 7 章：Web 服务器与应用系统安全的 Python 实践

本章将引导读者了解 Web 服务器的安全性、Python 构建安全的 Web 应用、安全日志记录和监控，以及如何使用 Python 进行 Web 应用安全测试。

本书的特点

实际操作：本书强调实际操作，每章都包含实践任务，帮助读者将学到的理论知识应用于实际项目中。

编程运用：本书以 Python 为核心，使读者能够掌握一门强大的编程语言，用于应对数据处理与数据安全的挑战。

全面涵盖：本书涵盖了数据处理与数据安全领域的各个方面，为读者提供全面的知识和技能。

最后，希望读者能够通过学习本书成为一位数据处理与数据安全领域的专家，掌握处理和保护数据的关键技能。

目录 ➡

Python 数据处理与数据安全概述

本 章 简 介

本章主要介绍数据处理与数据安全的基础知识，以及 Python 及其在数据处理与数据安全中应用的概览。首先，探讨数据的概念，并深入了解数据处理的各个环节，包括数据采集、预处理、分析、关联、质量和反垄断；然后，着眼于 Python 在数据安全中的应用；接下来，主要介绍 Python 编程语言的主要特性，以帮助读者更好地了解这门语言的优势，并提供 Python 环境的安装和配置指南，以确保读者能够顺利地开始他们的 Python 编程之旅；最后，介绍 Python 的基础知识，完成 Python 基础语法应用实践，为接下来的章节打下坚实的基础。

学 习 目 标

☑ 了解数据与数据处理安全基础。

☑ 熟悉 Python 的特性。

☑ 安装和配置 Python 环境。

☑ 掌握 Python 的基础知识。

素 养 目 标

本章的素养目标是在学习数据与数据处理安全和 Python 的基础上，培养读者正确的政治立场和价值观，培养创新意识和实践能力，提升综合素养，以成为具有社会责任感和创新能力的现代化人才。具体目标如下。

● 政治立场意识：培养读者正确的政治立场，认识到数据与数据处理安全对国家安全、社会稳定和个人权益的重要性，增强爱国主义意识和法治意识。

● 价值观培养：引导读者树立正确的价值观，重视个人信息安全、隐私保护和数据伦理，弘扬社会主义核心价值观，倡导正确使用与处理数据的道德和伦理规范。

● 创新意识培养：鼓励读者在学习 Python 的过程中培养创新意识和实践能力，促进科技创新和信息化发展，为社会经济发展和科技进步作出贡献。

- 综合素养提升：通过学习 Python 的特性和基础知识，提升读者的综合素养，包括思维逻辑能力、问题解决能力、协作能力和创新能力，以应对现代社会的挑战和需求。

1.1　数据的概念

1.1.1　数据的定义及特性

数据通常被定义为一种用来描述事物的符号或量度，这些描述可以是定量的，也可以是定性的。例如，人的年龄、体重，或者某件商品的销售数量，这些都是定量的数据。而人的性格、一部电影的评价等，都是定性的数据。在许多情况下，数据是用来理解和解释现象、做出决策的基础。

数据与信息关系密切，但是两者并不相同。数据通常是一种原始形态，是事物的表现或特性的记录。而信息则是数据被处理、组织或解释后的结果，它提供了有用的、有意义的知识或见解。换句话说，信息是数据带来的洞察和理解。

数据的特性是多种多样的，比如数据是可度量的，我们可以通过数据进行比较、排序或计算；数据是可收集的，我们可以从各种来源收集数据，并进行存储和管理；数据也是可解释的，我们可以通过分析和解释数据，获得有关事物的知识和理解。

1.1.2　数据的类别

数据的类别大致可分为结构化数据和非结构化数据。结构化数据有固定的格式或模式，比如数据库中的表格，它们是按照固定的模式进行组织的，这使得我们可以方便地查询和分析结构化数据。而非结构化数据则没有固定的模式，比如文本、图片、视频等，它们包含了丰富的信息，但是提取这些信息的过程通常比较复杂。

数据也可以分为定量数据和定性数据。定量数据是数字形式的数据，它们可以进行数学运算，比如统计、计算平均值等。而定性数据则是非数字形式的数据，比如人的性格、一部电影的评价等，它们可以帮助我们理解事物的性质和特性。

此外，数据还可以分为原始数据和处理后的数据。原始数据是直接从数据源获取的数据，它们通常需要进一步处理后才能用于分析。而处理后的数据则是经过清洗、转换或其他处理的数据，它们通常更适合进行数据分析。

1.1.3　数据的生命周期

数据的生命周期通常包括数据的产生、存储和管理、使用与销毁。

数据可以来自各种各样的源，比如用户在网站上的行为、设备的传感器、商业交易等。这些数据通常需要被收集并存储起来，以便后续使用。

数据的存储和管理是一个重要的环节。本环节需要选择合适的存储方式，比如数据库、数据仓库等，以确保数据的安全性和可用性。此外，还需要制定数据管理策略，包括数据的备份、恢复、安全等。

数据的使用通常包括数据的查询、分析和展示。我们可以通过各种方法来利用数据，比如数据挖掘、机器学习等，以获得有关事物的知识和理解。

最后，数据的销毁也是一个重要的环节。当数据不再被需要时，我们需要确保数据的安全销毁，以防止数据的泄露或误用。

1.1.4　数据的价值与风险

数据在商业决策、科学研究等许多领域中都有巨大的价值。通过分析数据，我们可以了解用户需求、预测市场趋势、改进产品和服务等。但是，数据的使用和处理也存在着风险。例如，数据的隐私泄露可能导致个人信息的泄露，数据的误用可能导致错误的决策。因此，我们需要制定合适的策略和技术方案，来管理数据和降低数据的风险。

总的来说，数据是理解和解释现象、做出决策的基础。通过了解数据的定义及特性、类别和生命周期，以及价值与风险，读者可以更好地处理和利用数据。

1.2　数据处理

1.2.1　数据采集

数据采集是数据处理的第一步，也是非常关键的一步。数据采集的质量和效率直接影响到后续数据处理与分析的准确性和效率。

1．数据来源

数据可以从多种不同的源获取。例如，网络爬虫可以帮助我们从网页上获取大量的文本、图片等数据。API 接口通常被许多在线服务提供商提供，它们让我们能够以一种结构化和自动化的方式获取数据。数据库则是存储大量结构化数据的重要工具，我们可以通过 SQL 等查询语言从数据库中获取需要的数据。另外，我们也可以通过问卷调查等方式直接从用户或参与者那里获取数据。

2．数据采集技术

在进行数据采集时，可以使用多种技术和工具。例如，网络爬虫通常需要用到 HTML

和 CSS 选择器等技术，以便从网页中获取需要的数据。使用 API 接口获取数据则通常需要理解如何使用 HTTP 请求，以及如何处理 JSON 或 XML 等数据格式。从数据库中获取数据则需要我们掌握 SQL 或其他数据库查询语言。

Python 是一种广泛用于数据采集的编程语言。例如，可以使用 Python 的 requests 库来发送 HTTP 请求，从 API 接口获取数据。Python 的 BeautifulSoup 库或 Scrapy 库可以帮助我们进行网页爬取。另外，Python 的 sqlite3 库和 pymysql 库则可以帮助我们操作数据库，从中获取数据。

在实际应用中，数据采集通常需要用户根据数据的特性和获取的难易程度，选择合适的数据来源和采集技术。同时，用户需要遵守相关的法律和道德规范，尊重数据的所有者和用户的隐私。

1.2.2 数据预处理

在获取原始数据后，直接对数据进行分析可能得到误导性的结果。这是因为原始数据可能存在着各种问题，如数据质量低下、数据格式不一致、数据分布不平衡等。为了解决这些问题，就需要进行数据预处理。

1. 数据清洗

数据清洗是数据预处理的重要步骤。其主要目的是提高数据的质量，使数据更适合后续分析。

数据清洗的常见步骤如下。

（1）删除重复值。重复值会使我们对某些信息存有偏见，所以需要找到并删除它们。在 Python 中，可以使用 pandas 库的 drop_duplicates()函数来删除重复值。

（2）处理缺失值。缺失值是一个棘手的问题，因为它们可能影响数据的分析结果。处理缺失值的策略有很多，如删除含有缺失值的行，使用均值、中位数或模式填充缺失值，或者使用机器学习算法预测缺失值。选择哪种策略取决于具体的数据和任务。

2. 数据转换

数据转换的目的是将数据转换成更适合分析的格式或形式。

数据转换的常见方法如下。

（1）规范化：规范化是指将数据转换为一种常见的格式，以便对其进行分析。例如，可以将日期和时间转换为统一的格式，将文本数据转换为小写格式等。

（2）归一化：归一化是指将数值型数据转换到一个共同的范围内，以消除数据的单位或规模带来的影响。常见的归一化方法包括最小-最大归一化和 Z-score 标准化。

3．数据整合

数据整合是指将来自不同源的数据整合在一起，以便后续分析。在进行数据整合时，需要处理数据的不一致性和冲突问题。例如，不同数据源可能使用不同的单位或编码方式，需要将它们转换为一致的格式。另外，不同数据源可能对相同的实体有不同的表示，需要进行实体解析和链接。

Python 提供了许多工具来帮助用户进行数据预处理。例如，pandas 库提供了强大的数据清洗和转换功能，而 NumPy 库则提供了方便的数值计算功能。通过使用这些工具，可以更有效地进行数据预处理，为后续的数据分析做好准备。

1.2.3　数据分析

数据分析是在数据预处理之后的步骤，其目标是从处理过的数据中提取有价值的信息。数据分析通常可以分为描述性分析、探索性分析和预测性分析 3 个阶段。

1．描述性分析

描述性分析的目标是了解数据的基本特征和分布。我们通常会计算一些基本的统计量，如均值、中位数、标准差等。例如，使用 Python 的 pandas 库可以很方便地计算这些统计量。示例代码如下：

```
import pandas as pd
#假设 df 是一个 Pandas DataFrame
mean = df['column_name'].mean()              #计算均值
median = df['column_name'].median()          #计算中位数
std_dev = df['column_name'].std()            #计算标准差
```

2．探索性分析

探索性分析是在描述性分析之后的步骤，其目标是理解数据的结构和关系。我们通常会使用图表和统计模型来进行探索性分析。例如，使用 Python 的 Matplotlib 或 Seaborn 库可以创建各种图表，如散点图、箱形图、直方图等，以帮助我们理解数据的分布和变量之间的关系。

3．预测性分析

预测性分析的目标是使用现有的数据来预测未来的趋势或结果。我们通常会使用机器学习方法来进行预测性分析。Python 的 scikit-learn 库提供了许多用于预测性分析的机器学习模型，如线性回归、决策树、随机森林、支持向量机等。

通过这些步骤，我们可以从数据中提取有价值的信息，帮助我们理解现象、解决问题，或者做出决策。

1.2.4　数据关联

在许多情况下，需要找出数据中不同项之间的关联规则。例如，电商网站可能希望了解哪些商品经常被一起购买。数据关联分析可以实现这一目标，主要包括关联规则学习和频繁项集挖掘两部分。

1．关联规则学习

关联规则学习是一种在大型数据库中找出不同项之间的有趣关联或相关模式的方法。例如，从大量购物数据中发现：当人们购买尿布时，他们也很可能购买啤酒。

最著名的关联规则学习算法是 Apriori 算法。Apriori 算法的基本思想是先找出所有频繁项集，再由频繁项集产生强关联规则。频繁项集是指在数据库中出现次数超过预定阈值的项集，而强关联规则则是指既满足最小支持度又满足最小置信度的关联规则。

Python 中的 mlxtend 库提供了实现 Apriori 算法的功能，可以方便地用于关联规则学习。

2．频繁项集挖掘

频繁项集挖掘是关联规则学习的一个重要步骤，其目标是找出数据库中出现次数超过预定阈值的项集。

在 Python 中，可以使用 mlxtend 库的 apriori()函数进行频繁项集挖掘。示例代码如下：

```
from mlxtend.frequent_patterns import apriori
#假设 df 是一个 Pandas DataFrame，且已经被转换为 one-hot 编码格式
frequent_itemsets = apriori(df, min_support=0.1, use_colnames=True)
```

这段代码将找出 df 中所有支持度不小于 0.1 的频繁项集。通过调整 min_support 参数，我们可以改变频繁项集的定义。

关联规则学习和频繁项集挖掘可以帮助我们了解数据中的隐藏模式，从而制定更好的决策。例如，电商网站可以根据关联规则推荐相关商品，从而提高销售额。

1.2.5　数据质量

数据质量是数据分析的关键因素。高质量的数据能够使数据分析更准确和有效，而低质量的数据可能导致误导性的结果。因此，理解数据质量的重要性并学会如何评估和提升数据质量是每个数据分析师必须掌握的技能。

1．数据质量的重要性

数据质量的高低直接影响了数据分析的结果。如果数据质量低，如存在大量的缺失值

或错误值，那么数据分析可能得到错误的结果。相反，如果数据质量高，那么数据分析更有可能得到准确和可信的结果。

此外，高质量的数据也能提高数据分析的效率。例如，如果数据已经被正确地清洗和格式化，那么我们可以直接进行分析，而无须花费大量时间处理数据。

因此，数据质量对数据分析至关重要。我们应该始终关注数据质量，并努力提高数据质量。

2．数据质量的评估

数据质量的评估是一个复杂的过程，涉及多个方面。以下是一些常见的数据质量指标。

- 完整性：数据是否完整，是否存在缺失值。例如，可以计算每个字段的缺失值比例来评估数据的完整性。
- 一致性：数据是否一致，相同的信息是否在不同的地方被表示为相同的值。例如，可以检查数据中的日期格式是否一致，或者检查性别字段是否都被正确地标记为"男"或"女"。
- 准确性：数据是否准确，是否反映了真实的情况。准确性往往很难量化，但可以通过一些间接的方法来评估它。例如，比较数据中的值和已知的标准或参考，或者对数据进行抽样审查。

在 Python 中，可以使用 pandas 库进行数据质量的评估。例如，可以使用 isnull()函数检查缺失值，使用 value_counts()函数检查字段的分布，或者使用 apply()函数和自定义函数进行更复杂的检查。

总的来说，数据质量的评估是一个持续的过程，我们需要在整个数据分析流程中始终关注数据质量，及时发现和解决问题。

1.2.6　数据反垄断

随着大数据和互联网行业的发展，数据已经成为许多企业和组织竞争的关键资源。然而，这也引发了一些新的问题和挑战，如数据垄断。数据反垄断旨在解决这些问题，确保数据的公平和健康使用。

1．数据垄断的概念

数据垄断是指某个企业或组织拥有并控制大量的数据，从而获得在市场上的主导地位，妨碍公平竞争。数据垄断可能带来一系列的问题。首先，数据垄断者可能滥用他们的主导地位，对用户和其他企业进行不公平的竞争。其次，数据垄断可能导致数据的不公平分配和使用，从而加剧社会和经济的不平等。最后，数据垄断可能阻碍创新和进步，因为新的企业和小型企业无法获取必要的数据。

2. 数据反垄断策略

面对数据垄断的问题，许多国家和组织开始实施数据反垄断策略。以下是一些常见的策略。

- 强制数据共享：一些国家和地区已经或正在制定法规，要求大型企业共享他们的数据，尤其是那些对公众有重大影响的数据。
- 增强数据保护：通过强化数据保护法规，保护用户的数据权利，限制企业无限制地收集和使用数据。
- 推动开放数据：鼓励和推动企业或组织开放他们的数据，增加数据的可用性和透明度。

这些策略的目标是打破数据垄断，确保数据的公平分配和使用，促进健康的竞争和创新。然而，实施这些策略也需要平衡多种利益，如保护数据安全、保护商业秘密、保护个人隐私等。因此，数据反垄断是一个复杂的问题，需要多方面的考虑和努力。

1.3 数据安全基础

1.3.1 数据安全

数据安全是指保护数据免受未经授权的访问、使用、披露、破坏或篡改的能力。在当今数字化时代，数据安全对个人、组织和社会都具有重要意义。以下是数据安全的几个重要方面。

（1）保护个人隐私。个人数据的安全保护是维护个人隐私权的基础。个人数据包括个人身份信息、财务数据、医疗记录等敏感信息。如果这些数据被未经授权的人访问、利用或泄露，那么个人隐私权将受到侵犯，可能导致身份盗窃、经济损失和声誉损害等问题。

（2）维护商业竞争力。组织和企业存储着大量的商业机密、研发成果和客户数据。数据安全的保护可以防止竞争对手获取这些机密信息，维护商业利益和竞争力。泄露敏感商业数据可能导致经济损失、市场份额下降和商誉受损等问题。

（3）确保数据完整性。数据完整性是指数据的准确性、一致性和可信度。数据被篡改、损坏或破坏可能导致错误的决策、信息失真和业务中断。数据安全的保护措施可以确保数据在存储、传输和处理过程中不被篡改，保持数据的完整性和可靠性。

（4）遵守法规和合规要求。数据安全是法规和合规要求的重要组成部分。例如，个人数据的安全保护已经成为各个国家和地区的法律法规要求，如欧盟的《通用数据保护条例》（GDPR）。组织必须遵守这些法规和合规要求，以避免法律责任和罚款。

（5）建立信任和声誉。数据安全的保护有助于建立组织和企业的信任和声誉。当用户、客户和合作伙伴相信其数据在安全保护下得到合理的处理和使用时，他们更愿意与组织和企业合作，并将其视为可信赖的合作伙伴。

数据安全对于个人、组织和社会都具有重要意义。保护个人隐私、维护商业竞争力、确保数据完整性、遵守法规和合规要求，以及建立信任和声誉都是数据安全的重要目标。在数据驱动的时代，正确的数据安全实践将对个人和组织的可持续发展产生深远影响。

1.3.2　常见的数据安全威胁和风险

数据安全面临着各种威胁和风险，了解这些威胁和风险对于采取有效的防护措施至关重要。以下是常见的数据安全威胁和风险。

（1）未经授权的访问。未经授权的访问是指未获得许可的个人或系统对数据的访问。黑客、内部员工滥用权限、物理入侵等都可能导致未经授权的访问，进而造成数据泄露、篡改或破坏。

（2）数据泄露。数据泄露是指敏感数据被意外或故意泄露给未经授权的人员或系统。泄露可能发生在数据存储、传输或处理过程中。数据泄露可能导致个人隐私曝光、商业机密泄露或法律合规问题。

（3）恶意软件和病毒。恶意软件和病毒是指被设计用于侵入系统、窃取数据或破坏系统的恶意代码。恶意软件和病毒可以通过恶意附件、恶意链接、下载不安全的应用程序等途径传播，给数据安全带来威胁。

（4）社交工程。社交工程是指利用人们的社交和心理技巧来欺骗、诱导或操纵他们，以获取未经授权的信息或访问权限。通过欺骗用户提供个人敏感信息、密码或访问权限，攻击者可以获取对数据的访问权限。

（5）密码破解。密码破解是指攻击者试图猜测或破解密码来获取未经授权的访问权限。弱密码、常用密码、暴力破解等方式都可能导致密码破解，从而威胁数据安全。

（6）物理安全威胁。物理安全威胁涉及对存储数据的设备和设施的物理访问与破坏。盗窃、丢失、损坏设备或未经授权的物理访问都可能导致数据安全受到威胁。

（7）内部威胁。内部威胁是指组织内部的员工、合作伙伴或供应商对数据安全构成的威胁。内部人员滥用权限、数据泄露、意外或故意的操作错误等都可能导致数据安全问题。

了解这些常见的数据安全威胁和风险，可以帮助我们更好地识别和理解数据安全的问题。有效的数据安全管理应该综合考虑技术、流程和人员等因素，采取相应的防护措施来减轻威胁和风险的影响。

1.3.3　数据安全的基本原则

数据安全的基本原则是指在保护数据时应遵循的基本准则和行为规范。以下是数据安全的基本原则。

（1）保密性（Confidentiality）。保密性是指确保只有被授权的人员能够访问和查看敏感数据。数据应受到适当的保护，采取措施防止未经授权的访问、泄露或窃取。加密、访问控制和身份验证等技术可以用于保护数据的保密性。

（2）完整性（Integrity）。完整性是指确保数据的准确性和完整性，防止数据被未经授权地篡改或损坏。数据在存储、传输和处理过程中应受到保护，以确保数据的一致性和可靠性。数据备份、完整性检查和数据验证等方法可以用于确保数据的完整性。

（3）可用性（Availability）。可用性是指确保授权用户在需要时能够及时访问和使用数据。数据应在必要时可供访问，并保持正常运行。数据冗余、灾备方案和容错机制等可以用于提高数据的可用性。

（4）不可抵赖性（Non-repudiation）。不可抵赖性是指确保数据的发送者和接收者都无法否认数据的发送和接收。通过使用数字签名、日志记录和审计跟踪等技术，可以实现数据的不可抵赖性，以确保数据的可信度和可靠性。

（5）责任分担（Accountability）。责任分担是指明确每个人对数据安全的责任，并确保他们承担相应的责任。组织应制定适当的数据安全政策和流程，对数据处理和访问进行监控和审计，以确保责任的明确和执行。

（6）最小权限原则（Principle of Least Privilege）。最小权限原则是指每个用户或系统只被授予访问和处理数据所需的最小权限。通过限制用户或系统的权限，可以减少潜在的威胁和风险，并提高数据的安全性。

（7）持续改进（Continuous Improvement）。数据安全需要持续的关注和改进。随着技术的不断发展和威胁的不断演变，数据安全措施需要不断更新和改进，以适应新的威胁和挑战。

遵循这些数据安全的基本原则可以帮助组织建立有效的数据安全策略和措施，保护数据免受未经授权的访问、泄露和损坏。数据安全原则的实施需要综合考虑技术、流程和人员等方面的因素，并与合规要求一致。

1.4 Python 在数据安全中的应用

1.4.1 数据加密

数据加密是通过加密算法（称为加密密钥）将数据从可读形式转换为不可读形式的过程，这个过程也被称为加密。加密后的数据只能通过解密算法（称为解密密钥）才能转换回可读形式，这个过程被称为解密。

数据加密通常有两种类型：对称加密和非对称加密。

- 对称加密。在这种类型的加密中，用于加密和解密的是同一个密钥。因此，任何拥有此密钥的人都可以解密数据。对称加密算法包括 AES 和 DES 等。
- 非对称加密。在这种类型的加密中，用于加密和解密的是两个不同的密钥，一个公开密钥（公钥），一个保密密钥（私钥）。公钥用于加密数据，而私钥用于解密数据。非对称加密算法包括 RSA 和 ECC 等。

Python 提供了几个库来处理数据加密，其中最常用的是 cryptography 库。

使用 cryptography 库可以实现对称加密。示例代码如下：

```python
from cryptography.fernet import Fernet
#生成密钥
key = Fernet.generate_key()
#创建一个加密器
cipher = Fernet(key)
#原始数据
data = "Hello, world!"
#加密数据
encrypted_data = cipher.encrypt(data.encode())
print("Original data: ", data)
print("Encrypted data: ", encrypted_data)
#解密数据
decrypted_data = cipher.decrypt(encrypted_data)
print("Decrypted data: ", decrypted_data.decode())
```

在这个示例中，首先生成了一个密钥，并使用这个密钥创建了一个加密器。然后使用加密器将原始数据加密，最后解密回原始数据。

数据加密是一种防止未经授权访问的有效方法。它通过将数据转换为另一种形式，使得只有拥有特定密钥的人才能解密并访问。

在 Python 中，可以使用各种库进行数据加密，如 hashlib 和 cryptography 库。图 1.1 展示了使用 hashlib 库进行 SHA-256 加密的过程。

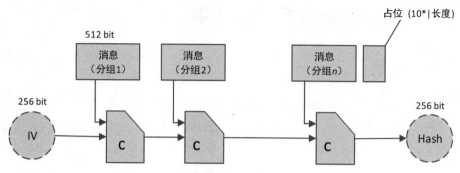

图 1.1　SHA-256 加密的过程

下面是一个使用 hashlib 库进行 SHA-256 加密的示例：

```
import hashlib
data = "Hello, world!"
hashed_data = hashlib.sha256(data.encode()).hexdigest()
print("Original data: ", data)
print("Hashed data: ", hashed_data)
```

1.4.2　数据匿名化和去标识化

数据匿名化和去标识化是保护数据隐私的重要工具。它们通过删除或修改个人可识别的信息，使得数据的主体无法被识别。在 Python 中，我们可以使用各种方法和库进行数据匿名化和去标识化。例如，使用 pandas 库删除或替换特定列。

1.4.2.1　数据匿名化

数据匿名化是数据保护的一种方法，通过对个人识别信息进行删除或修改，使其无法直接关联到特定的个人，以保护数据主体的隐私。这种处理通常用于数据集中，以便在不泄露个人信息的情况下进行数据分析。

Python 中的 pandas 库提供了很多工具来帮助我们进行数据匿名化。以下是一个简单的示例，展示如何将包含个人电子邮件地址的数据列进行匿名化：

```
import pandas as pd
#创建一个包含电子邮件地址的数据帧
df = pd.DataFrame({
    'email': ['john.doe@example.com', 'jane.doe@example.com',
'jim.smith@example.com']
    })
#使用一个匿名函数将电子邮件地址转换为匿名形式
df['email'] = df['email'].apply(lambda x: '****@' + x.split('@')[1])
print(df)
```

在这个示例中，首先创建了一个包含电子邮件地址的数据帧，然后使用一个匿名函数将每个电子邮件地址的用户名部分修改为****，从而实现了匿名化。

1.4.2.2 数据去标识化

数据去标识化是指通过删除或修改与个人相关的标识符（如姓名、身份证号等），使数据不能直接标识个人身份。在许多情况下，去标识化的数据不涉及个人信息，因此可以被更自由地使用和分享。

和数据匿名化一样，也可以使用 Python 的 pandas 库进行数据去标识化。以下是一个示例，展示如何将包含个人姓名的数据列进行去标识化：

```
import pandas as pd
#创建一个包含姓名的数据帧
df = pd.DataFrame({
    'name': ['John Doe', 'Jane Doe', 'Jim Smith']
})
#使用一个匿名函数将姓名转换为去标识化形式
df['name'] = df['name'].apply(lambda x: '**** ' + x.split(' ')[1])
print(df)
```

在这个示例中，首先创建了一个包含姓名的数据帧，然后使用一个匿名函数将每个姓名的名字部分修改为****，从而实现了去标识化。

1.4.3 安全数据传输

安全数据传输是指数据在传输过程中保持机密性、完整性和可用性的一系列措施。常见的安全数据传输协议包括 SSL（Secure Sockets Layer）和 TLS（Transport Layer Security）。

1. SSL 和 TLS 的基本原理

SSL 和 TLS 是用于保护网络通信的加密协议，它们使用加密技术和证书验证来确保数据传输的安全性。

基本的 SSL/TLS 工作原理如下。

（1）握手阶段。在通信开始之前，客户端和服务器之间进行握手以建立安全连接。在这个阶段中，客户端先发送一个"Hello"消息给服务器，服务器再回复一个包含证书和其他相关信息的消息。

（2）证书验证。客户端接收到服务器发送的证书后，会验证证书的合法性和有效性，这包括检查证书是否由受信任的证书颁发机构（CA）签发，以及证书中的域名是否与实际访问的域名匹配。

（3）密钥协商。一旦证书验证通过，客户端和服务器使用协商算法来确定加密所使用的密钥。这个过程可以确保通信双方使用相同的密钥进行加密和解密。

（4）数据传输。一旦握手和密钥协商完成，客户端和服务器之间的数据传输就可以进行加密和解密了。这样可以确保数据在传输过程中的保密性和完整性。

2．SSL 和 TLS 的应用

SSL 和 TLS 广泛应用于保护各种网络通信，特别是在 Web 浏览器和服务器之间的通信。它们提供了以下功能：

- 保密性。SSL/TLS 使用加密算法对数据进行加密，以防止未经授权的访问者窃取敏感信息。
- 完整性。SSL/TLS 使用消息摘要算法（如 SHA）来验证数据的完整性，以确保数据在传输过程中没有被篡改。
- 身份验证。通过证书验证，SSL/TLS 可以确保通信双方的身份。这有助于防止中间人攻击和数据劫持。
- 可信度。由于 SSL/TLS 使用证书验证，因此它可以提供对通信方的身份验证和信任。

3．使用 Python 进行安全数据传输

在 Python 中，可以使用第三方库（如 requests 和 urllib 库）来实现安全数据传输。这些库已经集成了 SSL/TLS 协议，因此可以直接使用它们来发送和接收安全的 HTTP 请求。示例代码如下：

```
import requests
response = requests.get('https://www.example.com')
print(response.text)
```

在这个示例中，使用 requests 库发送了一个 GET 请求到 HTTPS 网址，并输出响应的内容。

注意，在使用 Python 进行安全数据传输时，不需要直接操作 SSL 或 TLS 协议的细节，因为第三方库已经处理了这些底层的细节。我们只需要选择合适的库和函数，确保使用安全的协议（HTTPS）进行数据传输即可。

使用 SSL 和 TLS 协议可以确保在数据传输过程中保持数据的安全性和保密性。这对于保护用户的敏感信息和防止中间人攻击非常重要。

1.4.4　数据备份和恢复

数据备份是将数据的副本存储在其他位置的过程，以防原始数据丢失或损坏。数据恢复则是在数据丢失或损坏时，从备份中恢复数据的过程。这两个过程对于保护我们的数据

至关重要。

在 Python 中，可以使用 shutil 库进行数据备份和恢复。以下是一个示例，展示如何使用 shutil 库进行文件备份：

```
import shutil
#原始文件
original = 'original.txt'
#备份文件
backup = 'backup.txt'
#使用 shutil 库进行备份
shutil.copyfile(original, backup)
```

在这个示例中，首先导入了 shutil 库，然后定义了原始文件和备份文件的路径，最后使用 shutil.copyfile()函数将原始文件的内容复制到备份文件中。

如果原始文件丢失或损坏，那么可以使用类似的方法从备份中恢复数据。示例代码如下：

```
import shutil
#备份文件
backup = 'backup.txt'
#需要恢复的文件
restore = 'restore.txt'
#使用 shutil 库进行恢复
shutil.copyfile(backup, restore)
```

在这个示例中，使用 shutil.copyfile()函数将备份文件的内容复制到需要恢复的文件中。

1.4.5　数据访问控制

数据访问控制是一种保护数据安全的重要手段。它定义了哪些用户或系统可以访问特定的数据，以及他们可以对数据执行的操作。

在 Python 中，可以使用 os 库进行数据访问控制。以下是一个示例，展示如何使用 os 库更改文件权限：

```
import os
#文件路径
file = 'example.txt'
#更改文件权限为只读
os.chmod(file, 0o444)
```

在这个示例中，首先导入了 os 库，并定义了文件的路径。然后使用 os.chmod()函数更改了文件的权限，将其设置为只读。0o444 是 UNIX 风格的权限代码，表示所有用户都可以读取文件，但不能写入或执行。

1.5　Python 编程语言

Python 是一种高级、解释型的编程语言，具有许多特性，在数据安全领域被广泛应用。它由 Guido van Rossum 于 1991 年创立，目标是设计一种易读、简洁的语言，强调代码的可读性和简洁性。它的设计哲学是"优雅而明确"，并倡导使用简洁的语法编写易于理解和维护的代码。具有如下特性。

1．易读性

Python 的语法简洁明了，具有自然语言风格，使得代码更易于阅读和理解。它使用缩进来表示代码块，而不是依赖于花括号，强制开发人员编写结构清晰的代码。

2．灵活性

Python 是一种动态类型语言，允许变量在运行时根据需要自动更改数据类型。这使得 Python 非常适用于数据处理和分析，因为开发人员无须关注类型定义和转换的复杂性。

3．丰富的库和框架

Python 生态系统拥有庞大且活跃的第三方库和框架，提供了各种功能和工具，为数据安全实践提供了丰富的选择。例如，NumPy 和 pandas 提供了强大的数据处理和分析功能，scikit-learn 和 TensorFlow 提供了机器学习和深度学习的工具，而 NetworkX 和 Scapy 则用于网络安全分析。

在数据安全实践中，Python 的特性使得开发人员能够以高效、简洁的方式处理和分析数据，并利用丰富的库和框架构建安全性能强大的应用程序。接下来将介绍 Python 环境的安装和配置，以便学习和实践数据安全的教程。

1.6　Python 环境的安装和配置

Python 是一门跨平台的编程语言，因此在不同的操作系统上都可以安装和运行。本节将提供 Python 解释器的安装指南，并介绍一些常用的 Python 集成开发环境（IDE）及它们的特点和配置方法。

1.6.1　Python 开发环境

Python 已经被移植到许多平台上，如 Windows、macOS、Linux 等主流平台，可以根据需要为这些平台安装 Python。在 macOS 和 Linux 系统中，默认已经安装了 Python。如果需要安装其他版本的 Python，则可以登录 Python 官网，找到相应系统的 Python 安装文件进行安装。本节将会详细介绍在 Windows 平台下安装、配置 Python 开发环境的方法。

在 Windows 平台中，安装 Python 开发环境的方法也不止一种，其中最受欢迎的有两种，第一种是通过 Python 官网下载对应系统版本的 Python 安装程序，第二种则是通过 Anaconda。

1.6.1.1 使用 Python 安装程序

访问 Python 官网，选择 Windows 平台下的 Python 安装包进行下载，如图 1.2 所示。

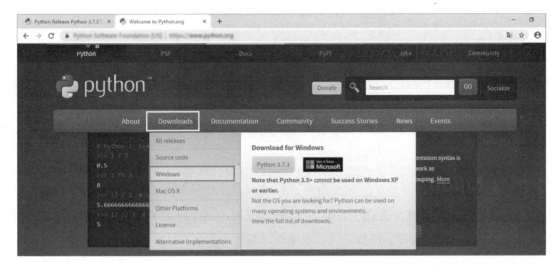

图 1.2 下载 Python 安装包

进入 Windows 平台下的页面，选择安装包文件进行下载，本书选择的是 Python-3.7.3-amd64 版本，下载完成后即可开始安装，安装界面如图 1.3 所示。

图 1.3 安装界面

选择第一种安装方式，并且勾选"Add Python 3.7 to PATH"复选框，让安装程序自动将 Python 配置到环境变量中，不需要再手动添加环境变量。

安装完成后，需要验证 Python 是否已经安装成功。打开命令提示符界面，输入"Python"，在命令提示符界面中输出了 Python 的版本信息等，说明 Python 已经安装成功。

1.6.1.2　安装 Anaconda

Anaconda 是专注于数据分析的 Python 发行版本，包含了 Conda、Python 等一系列科学包及其依赖包。在安装 Anaconda 时，预先集成了 NumPy、SciPy、pandas、scikit-learn 等数据分析常用包，可以在 Anaconda 中建立多个虚拟环境，用于隔离不同项目所需的不同版本的工具包，以防止版本上的冲突，直接安装 Python 是体会不到这些优点的。

使用 Anaconda 的优点如下。

1．省时省心

在普通 Python 环境中，经常会遇到在安装工具包时出现关于版本或依赖包的一些错误提示。但是在 Anaconda 中，这种问题极少存在。Anaconda 通过管理工具包、开发环境、Python 版本，大大简化了工作流程，不仅可以方便地安装、更新、卸载工具包，而且在安装时还可以自动安装相应的依赖包。

2．分析利器

Anaconda 是适用于企业级大数据的 Python 工具，其中包含了众多与数据科学相关的开源包，涉及数据可视化、机器学习、深度学习等多个方面。

Anaconda 的安装步骤如下。

（1）访问 Anaconda 官网，选择适合自己的版本下载，如选择下载 Windows 下的 Python 3.10 版本，如图 1.4 所示。

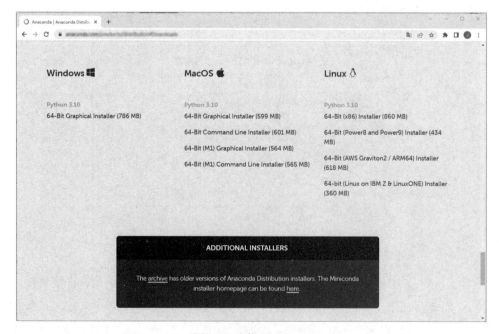

图 1.4　下载 Anaconda

（2）下载完成后，根据提示安装 Anaconda，如图 1.5 所示，并在安装过程中勾选"Add Anaconda to my PATH"复选框。

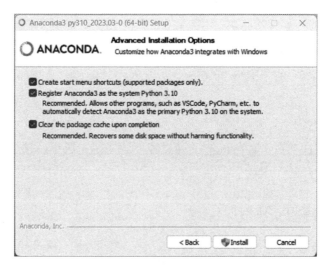

图 1.5　安装 Anaconda

安装成功后，可以查看用户变量中的 Path：右击"此电脑"图标，在弹出的快捷菜单中选择"属性"命令，并在弹出的界面中选择"高级系统设置"选项，进入"系统属性"对话框，单击"环境变量"按钮，双击"Path"，可以看到 Anaconda 的环境变量值设置成功，如图 1.6 所示。

图 1.6　添加到 Path 中的值

（3）完成安装和设置后，打开命令提示符界面，输入“python”，可以看到 Python 版本信息和 Anaconda 的字样，说明 Anaconda 安装成功，如图 1.7 所示。

C:\WINDOWS\system32\cmd.
C:\Users\lenovo>conda --version
conda 22.9.0
C:\Users\lenovo>

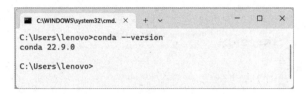

图 1.7　验证 Anaconda 安装

Anaconda 安装成功之后，Python 的开发环境就搭建完成了，接下来开始开发 Python 程序。

1.6.2　Python 程序开发

1.6.2.1　在命令行中开发 Python 程序

打开命令提示符界面，输入“python”进入 Python 环境，在“>>>”后面输入 Python 代码“print('hello python')”，并按回车键，程序运行后输出“hello python”，关键步骤如图 1.8 所示。

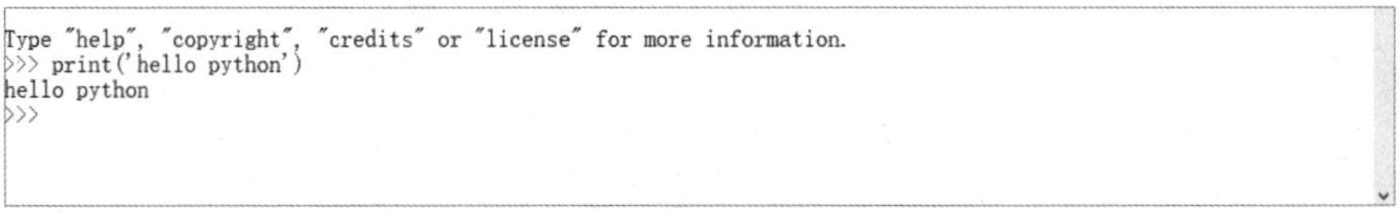

Type "help", "copyright", "credits" or "license" for more information.
>>> print('hello python')
hello python
>>>

图 1.8　程序输出结果

在图 1.8 中，print()是 Python 3.X 中的一个内置函数，它接收字符串作为输入参数，并输出这些字符。例如，运行 print('hello python')就会在控制台输出 hello python，在 Python 中，函数调用的格式是函数名加括号，括号中是函数的参数，在后面的章节中会具体介绍函数。

1.6.2.2　使用文本编辑器开发 Python 程序

使用命令行编写 Python 程序，每次只能运行一行代码。使用文本编辑器编写 Python 程序，可以实现一次运行多行代码。使用文本编辑器编写代码之后，以后缀名为“.py”的文件保存，并在命令行中运行这个文件。下面这个示例是在文件中编写 Python 代码，以输出个人信息。

首先在 D 盘的根目录下新建文本文件 Python.txt，然后在 Python. txt 中写入以下内容。

```
print('name:Jack')
```

```
print('age:18')
print('major:computer')
```

接下来保存该文件，并将文件名改为 Python.py。

打开命令提示符界面，输入"D:"进入路径，之后输入"python Python.py"，使用 Python 命令执行这个文件，输出结果如图 1.9 所示。

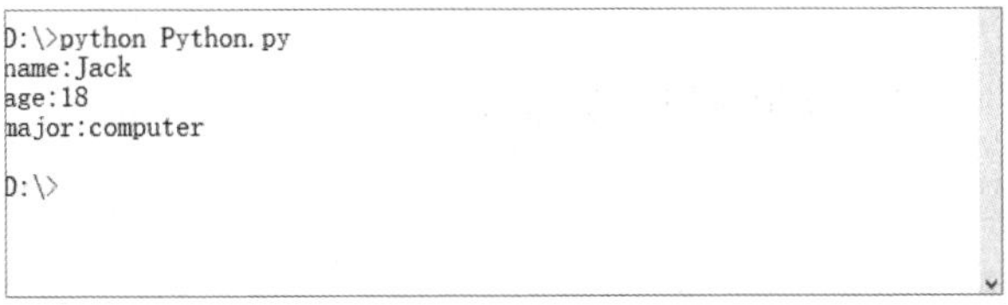

```
D:\>python Python.py
name:Jack
age:18
major:computer

D:\>
```

图 1.9　执行 Python.py 文件

在实际工作中，直接在命令行和文本编辑器中编写代码的情况非常少。在绝大多数情况下，开发人员都是在集成开发环境（Integrated Development Environment，IDE）中开发程序的。

1.6.2.3　PyCharm 集成开发环境

集成开发环境具备很多便于开发和编写代码的功能，如调试、语法高亮、项目管理、智能提示等。

1. Python 集成开发环境

在 Python 开发领域中，最常用的两种集成开发环境是 JupyterNotebook 和 PyCharm。

1）JupyterNotebook

JupyterNotebook 是一个交互式笔记本，支持 40 多种编程语言。其本质是一个 Web 应用，便于创建和共享文字化程序文档，支持实时代码、数学方程、可视化和 Markdown，包含自动补全、自动缩进，支持 bash shell 命令等。其主要用途包括数理和转换、数值模拟、统计建模、机器学习等。

2）PyCharm

PyCharm 是 JetBrains 公司开发的 Python 集成开发环境。PyCharm 的功能十分强大，包括调试、项目管理、代码跳转、智能提示、自动补充、单元测试、版本控制等。它对编程有非常大的帮助，十分适合开发较大型的项目，也非常适合初学者。

本节将重点介绍 PyCharm，并且本书使用的集成开发环境也是 PyCharm。

2. 安装配置 PyCharm 开发环境

访问 PyCharm 官网，进入下载界面，选择相应的系统平台和版本进行下载。不同的系统平台都有两个版本的 PyCharm 供用户下载，分别是专业版（Professional）和社区版

（Community），如图 1.10 所示。

图 1.10　PyCharm 的下载界面

　　由于 PyCharm 的专业版收费，而社区版足以满足初学者几乎所有的需求，因此本书推荐下载社区版。安装成功后，进入 PyCharm 创建项目的界面，如图 1.11 所示。

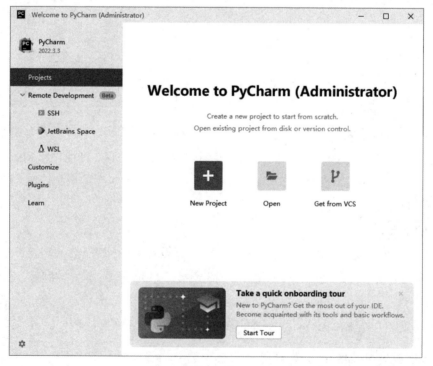

图 1.11　创建项目的界面

3．创建 Python 项目

创建 Python 项目，选择项目路径和配置 Python 解释器，并且将其和 Anaconda 关联，如图 1.12 所示。

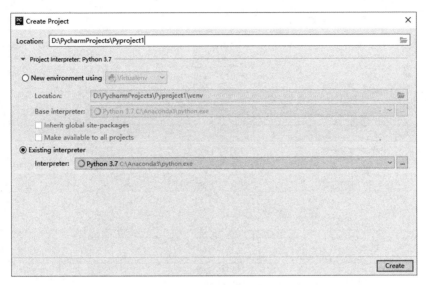

图 1.12　选择项目路径和配置 Python 解释器

创建好项目后，查看 Python 解释器的配置是否和 Anaconda 关联好，选择"File"→"Settings"命令，进入"Settings"对话框，如图 1.13 所示。

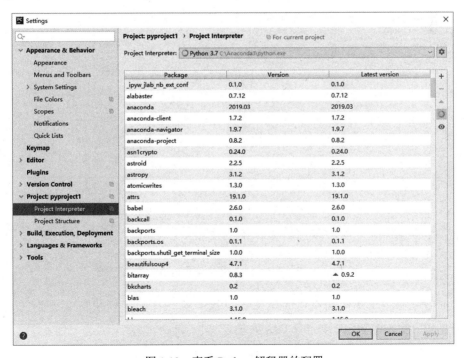

图 1.13　查看 Python 解释器的配置

在项目中添加 Python 文件，如图 1.14 所示。

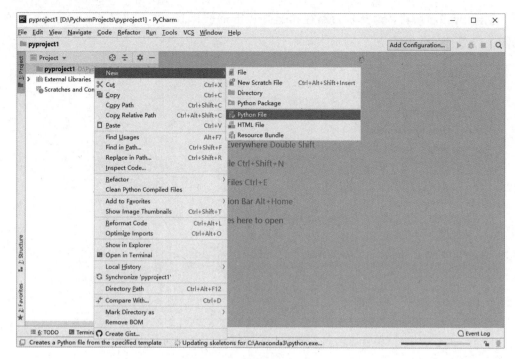

图 1.14　添加 Python 文件

在新建的文件中输入程序，如图 1.15 所示。

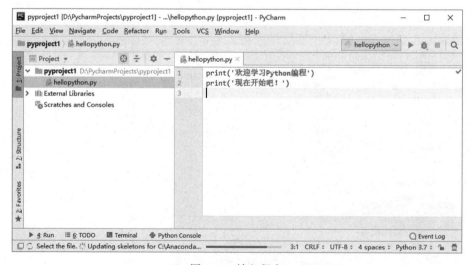

图 1.15　输入程序

在 hellopython.py 文件的空白区域单击鼠标右键，在弹出的快捷菜单中选择"Run 'hellopython'"命令运行代码，如图 1.16 所示。

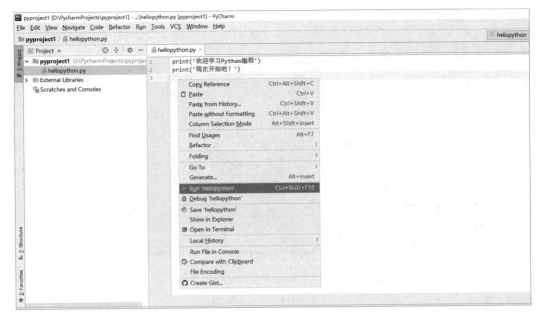

图 1.16　运行程序

运行程序后，在 PyCharm 下方的控制台中可以看到输出结果，如图 1.17 所示。

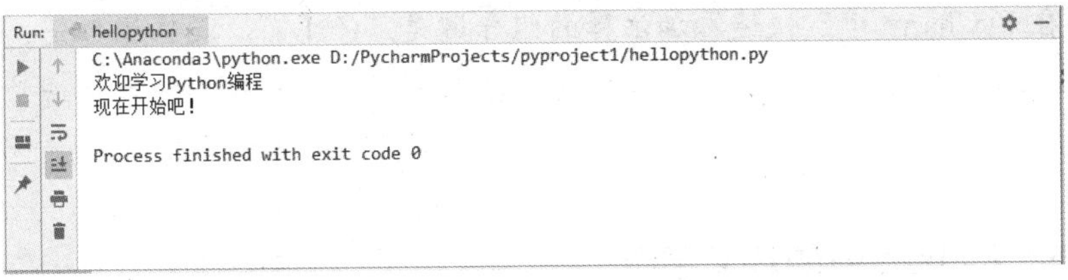

图 1.17　控制台中的输出结果

1.6.2.4　Python 的注释

在编程过程中，程序员经常会为某一行或某一段代码添加注释，对其进行解释或提示，以提高代码的可读性，方便自己和他人看懂代码的具体作用。注释部分的文字或代码将不会被执行。在 Python 中，添加注释的方式有两种：单行注释和多行注释。

单行注释以"#"开始，后面是代码的说明内容。例如：#输出个人信息。

多行注释以"""""开始，以"""""结束，说明内容分布在多行。示例代码如下：

```
"""
输出的信息如下。
1.    姓名
2.    年龄
3.    专业
"""
```

为 Python 程序添加注释。示例代码如下：

```
#输出学生信息
"""
学生的信息如下。
1.姓名：马晓云
2.年龄：20
3.专业：计算机网络
"""
print('姓名：马晓云')
print('年龄：20')
print('专业：计算机网络')
```

程序运行结果如图 1.18 所示。

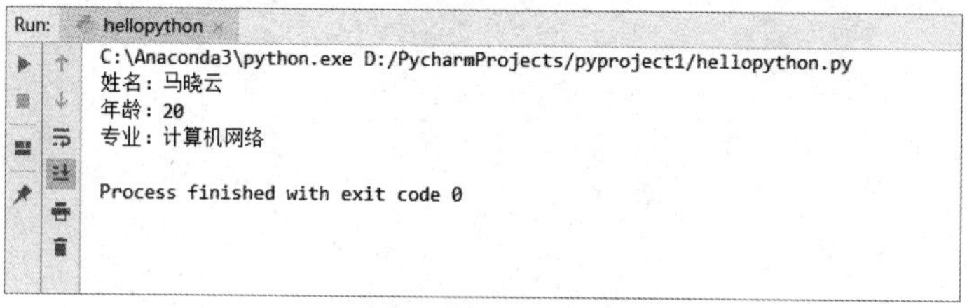

图 1.18　程序运行结果

经验：在 PyCharm 中，快速添加注释的组合键是"Ctrl+/"。具体操作是，选中需要注释的代码或文字，按组合键"Ctrl+/"即可快速添加注释，这个组合键在日后学习和开发过程中将经常用到。

1.6.2.5　Python 中的转义字符

在 Python 中，当使用 print()函数输出字符信息时，需要将字符信息放在一对英文的单引号"'"或英文的双引号""""之间，如果输出的字符信息包含"'"或""""，就需要使用转义字符，转义字符及其含义如表 1.1 所示。

表 1.1　转义字符及其含义

转义字符	含义
\（在行尾时）	续行符
\\	反斜杠符号
\'	单引号
\"	双引号
\a	响铃
\b	退格（Backspace）
\e	转义
\000	空
\n	换行

续表

转义字符	含义
\v	纵向制表符
\t	横向制表符
\r	回车
\f	换页
\oyy	八进制数，yy 代表的字符，例如：\o12 代表换行
\xyy	十六进制数，yy 代表的字符，例如：\x0a 代表换行

在 Python 中使用转义字符。示例代码如下：

```
print('姓名\t 年龄\t 班级')
print('艾边城\t18\t 软件 1901')
print('马晓云\t19\t 软件 1902')
print('高超\t18\t 软件 1903')
```

在上述示例中使用了转义字符，其中"\""表示输出双引号；"\n"表示换行；"\t"表示横向制表符，将输出字符对齐，运行结果如图 1.19 所示。

图 1.19　使用转义字符的运行结果

通过安装 Python 解释器和选择适合自己的 Python IDE，用户将拥有一个完善的 Python 环境，可以开始学习和实践数据安全的教程。接下来将深入探讨 Python 的基础知识，为后续章节的数据安全实践奠定坚实的基础。

1.7　Python 的基础知识

Python 作为一种高级编程语言，具有丰富的语法和功能，本节将重点介绍 Python 的基础知识，包括变量和数据类型、流程控制、函数，以及类与对象。

1.7.1　变量和数据类型

在 Python 中，变量用于存储数据，并且不需要提前声明变量的类型。以下是 Python 中常见的数据类型。

1. 整数（int）

整数是没有小数部分的数值。例如：

```
x = 5
```

2．浮点数（float）

浮点数是带有小数部分的数值。例如：

```
y = 3.14
```

3．字符串（str）

字符串是由一串字符组成的，使用引号（单引号或双引号）括起来。例如：

```
name = 'Alice'
```

4．列表（list）

列表是一个有序的数据集合，可以包含不同类型的元素。它使用方括号括起来，并使用逗号分隔各个元素。例如：

```
numbers = [1, 2, 3, 4, 5]
```

5．元组（tuple）

元组与列表类似，但是是不可变的，即元素的值不能被修改。它使用圆括号括起来，并使用逗号分隔各个元素。例如：

```
point = (2, 4)
```

6．字典（dict）

字典是一种用于保存键-值对的数据结构，每个键对应一个值。它使用花括号括起来，并使用冒号分隔键和值，使用逗号分隔各个键-值对。例如：

```
person = {'name': 'Alice', 'age': 25}
```

1.7.2　流程控制

流程控制用于根据条件执行不同的操作或重复执行一段代码。以下是 Python 中常用的流程控制语句。

1．条件语句（if-else 语句）

条件语句用于根据条件选择性地执行不同的代码块。例如：

```
x = 10
if x > 5:
    print('x is greater than 5')
else:
    print('x is less than or equal to 5')
```

2. 循环语句（for 循环、while 循环）

循环语句用于重复执行一段代码。例如，使用 for 循环遍历列表：

```
numbers = [1, 2, 3, 4, 5]
for num in numbers:
    print(num)
```

使用 while 循环实现条件控制的重复执行：

```
x = 0
while x < 5:
    print(x)
    x += 1
```

1.7.3　函数

函数是一段可重复使用的代码块，用于执行特定的任务。函数可以接收参数，执行一系列操作，并返回一个结果。以下是定义和调用函数的示例：

```
def greet(name):
    print('Hello, ' + name + '!')


greet('Alice')
```

1.7.4　类与对象

面向对象编程是一种程序设计范式，其中数据和操作被组织成对象。对象是类的实例，具有属性和方法。以下是类的定义、对象的创建和方法的调用的示例：

```
class Circle:
    def __init__(self, radius):
        self.radius = radius

    def area(self):
        return 3.14 * self.radius * self.radius


my_circle = Circle(5)
print(my_circle.area())
```

通过学习和理解这些基础知识，读者应当能够使用 Python 进行变量操作、条件控制、循环和函数定义。此外，了解面向对象编程的概念和使用可以提高读者的 Python 编程能力。在后续章节中，这些基础知识将为读者实践数据安全提供支持。

实践任务：Python 基础语法应用实践

任务 1：判断奇偶数

【需求分析】

编写一个 Python 程序，首先提示用户输入一个整数，然后判断该数是奇数还是偶数，并输出相应的结果。

【实现思路】

- 提示用户输入一个整数。
- 使用取余操作符判断输入的整数是否能被 2 整除。
- 如果能整除，即余数为 0，则为偶数；否则为奇数。
- 根据判断结果，输出相应的结果。

【任务分解】

- 提示用户输入一个整数。
- 将用户输入的值保存到一个变量中。
- 使用取余操作符判断输入的整数是否能被 2 整除。
- 如果能整除，则输出"偶数"；否则输出"奇数"。

【参考代码】

```python
#提示用户输入一个整数
num = int(input("请输入一个整数："))

#使用取余操作符判断输入的整数是否能被 2 整除
remainder = num % 2

#根据判断结果，输出相应的结果
if remainder == 0:
    print("偶数")
else:
    print("奇数")
```

任务 2：判断密码强度

【需求分析】

编写一个 Python 程序，首先要求用户输入一个密码，然后判断密码的安全等级，并给出相应的建议。

【实现思路】

- 提示用户输入密码。
- 对密码的安全等级进行判断，根据一定的规则判断密码的复杂性。
- 根据判断结果，给出相应的安全等级和建议。

【任务分解】

- 提示用户输入密码。
- 对密码进行长度判断，判断密码的长度是否满足最低要求。
- 对密码进行复杂性判断，判断密码是否包含足够数量的不同字符类型。
- 根据判断结果，给出相应的安全等级和建议。

【参考代码】

```python
#提示用户输入密码
password = input("请输入密码：")

#对密码进行长度判断
length = len(password)
if length < 6:
    print("密码长度过短，建议密码长度不少于6位。")

#对密码进行复杂性判断
has_lower = any(c.islower() for c in password)
has_upper = any(c.isupper() for c in password)
has_digit = any(c.isdigit() for c in password)
if not has_lower or not has_upper or not has_digit:
    print("密码复杂性较低，建议密码包含大小写字母和数字。")

#根据判断结果，给出安全等级和建议
if length >= 10 and has_lower and has_upper and has_digit:
    print("密码安全等级：高")
    print("密码安全性良好，请继续保持。")
elif length >= 8 and has_lower and has_upper and has_digit:
    print("密码安全等级：中")
    print("密码安全性一般，请考虑增加长度和复杂性。")
else:
    print("密码安全等级：低")
    print("密码安全性较弱，请尽快改进。")
```

通过这个实践任务，用户可以输入密码并根据一定的规则判断密码的安全等级。根据判断结果，程序会给出相应的安全等级和建议。这个实践任务可以帮助用户了解密码安全性的评估方法，并提供合理的建议来提升密码的安全性。

评价项	评价内容	得分
代码分析	代码思路分析	
代码设计	代码算法设计	
代码编写	功能实现与代码规范	
代码测试	测试用例	

本章首先介绍了数据的概念，包括数据的定义及特征，以及数据的类别等。了解数据的基本概念对后续的数据安全实践非常重要。然后探讨了数据处理的过程，包括数据采集、数据预处理、数据分析、数据关联、数据质量和数据反垄断。这些步骤有助于用户从原始数据中提取有价值的信息，并做出合理的决策。本章还介绍了 Python 在数据安全中的应用、Python 编程语言、Python 环境的安装和配置，以及 Python 的基础知识等。这些基础知识为后续章节的数据安全实践打下了坚实的基础。通过学习本章内容，读者应该对数据处理的基本概念有了更深入的理解，并熟悉了 Python 在数据安全中的应用。

1．请解释数据安全的概念，以及数据安全对个人、组织和社会的重要性。

2．请编写一个 Python 程序，首先要求用户输入一个整数，然后判断该数是奇数还是偶数，并输出相应的结果。

3．假设你是一家电子商务公司的数据分析师。你收到了一个包含用户购买记录的数据集，其中包括用户 ID、购买金额和购买日期。请你使用 Python 进行数据分析，计算并输出每个用户的平均购买金额。

4．请结合前面学习的内容，以一个实际的数据安全案例为例，分析数据安全的挑战和解决方案，并提出你认为有效的措施来保护数据安全。

第 2 章

数据的爬取与保护

本 章 简 介

本章将探讨数据采集过程中的安全问题，并介绍如何使用 Python 进行数据爬虫，以及如何应对反爬虫技术和保护数据的措施。数据采集在现代信息时代具有重要意义，然而，在进行数据采集的过程中，也存在着各种安全隐患和风险。本章首先介绍数据采集概述，包括数据采集的定义和意义、数据采集的应用领域和挑战、数据采集的工具和技术。其次深入介绍数据爬虫技术，包括网络爬虫概述、聚焦爬虫的工作原理、爬取网页的框架流程与技术等。再次介绍数据采集的安全问题，包括数据的隐私保护、数据的合法性和道德问题、数据采集过程中的技术风险。最后介绍反爬虫技术与应对策略，帮助读者了解如何规避网站的反爬虫机制，以便更有效地进行数据采集。另外，本章还通过案例分析和实践任务，将所学知识应用到实际场景中。通过具体案例分析，读者将更加深入地理解数据采集中的安全问题和解决方案，并有机会通过实践任务进行数据爬取与保护的实际操作；通过设计并实现一个智能新闻爬虫的实践任务，读者将进一步熟悉和掌握有关 Python 爬虫技术的应用。

学 习 目 标

- ☑ 理解数据采集的基础概念和方法。
- ☑ 掌握 Python 数据爬虫的基本技术。
- ☑ 了解数据采集过程中的安全隐患和防护措施。
- ☑ 理解反爬虫技术的原理和应对策略。
- ☑ 具备实践能力，培养责任意识。

素 养 目 标

本章的素养目标是在学习数据采集和爬虫技术的过程中，培养读者正确的政治立场和价值观，培养创新意识和实践能力，提升综合素养，以成为具有社会责任感和创新能力的现代化人才。具体目标如下。

- 政治立场意识：培养读者正确的政治立场，认识到数据采集对国家发展、社会进步和个人权益的重要性，增强爱国主义意识和法治意识。
- 价值观培养：引导读者树立正确的价值观，重视数据隐私保护和个人信息安全，弘扬社会主义核心价值观，倡导合法、合规的数据采集行为，遵循伦理规范。
- 科技伦理意识：引导读者关注数据采集过程中的安全隐患和防护措施，强调数据采集的合法性、正当性和道德性，培养读者的科技伦理意识和责任意识。
- 创新意识培养：鼓励读者在学习数据采集和爬虫技术的过程中培养创新意识和实践能力，促进科技创新和信息化发展，为社会经济发展和科技进步作出贡献。
- 综合素养提升：通过学习数据采集和反爬虫技术的原理与应对策略，提升读者的综合素养，包括数据分析能力、问题解决能力、协作能力和创新能力，以应对现代社会的挑战和需求。

2.1 数据采集概述

在我们讨论数据采集和相关安全性之前，首先需要对数据采集有一个基本的了解。简单来说，数据采集就是从各种源头收集信息的过程。这些源头可能是数据库、网站、PDF 文件、社交媒体或物联网设备等。

2.1.1 数据采集的定义和意义

数据采集是从原始数据源（如数据库、网站、社交媒体等）获取和处理信息的过程。这个过程可能包括从数据源直接下载数据，或者使用特定的工具（如网络爬虫）从网页上抓取信息。网络爬虫是一种自动从互联网上收集信息的程序，通常用于从网站上抓取大量数据。

一旦获取了数据，下一步就是数据处理，这可能涉及数据清洗（删除或更正错误的、重复的、不完整的或不一致的数据）、数据转换（将数据从一种格式转换为另一种格式，使其更适合后续的分析或使用）及数据整合（将从多个源头收集的数据整合到一起）的操作。

假设一个电商公司想要更好地了解客户的购买行为。首先，公司使用网络爬虫从网站上收集客户的购买历史数据。然后，数据分析师需要清洗这些数据，去除无效的或重复的记录，并将数据转换为一种适合分析的格式。最后，他们将这些购买历史数据与其他来源的客户数据（例如，从 CRM 系统或社交媒体上收集的数据）结合起来进行深入的分析。

数据采集在许多领域中都具有重要意义。在商业环境中，数据采集可以帮助公司更好地了解客户的购买行为、优化产品和服务、提高运营效率及发现新的商业机会。在科学研究中，数据采集能够支持各种各样的研究活动，如从环境监测到临床试验、从社会科学调查到大规模的数据科学项目等。在公共政策领域中，数据采集可以支持政策制定和评估，提高公共服务的效率和质量。

需要注意的是，虽然数据采集有很多好处，但也需要考虑一些重要的问题。首先，数据采集必须尊重个人和公司的隐私权。在收集和使用数据时，应遵守相关的隐私法律和规定。其次，数据采集可能涉及大量的数据，这需要通过相应的技术和资源来处理。最后，数据质量是一个重要的问题。如果数据包含错误或缺失，那么基于这些数据的分析和决策可能会不准确。

2.1.2　数据采集的应用领域和挑战

数据采集的应用领域非常广泛。例如，零售商可能需要收集客户的购物习惯数据，以便更好地了解客户需求并优化商品推荐；科研人员可能需要收集大量的实验数据，以便进行数据分析并得出结论；政府部门可能需要收集各种公共数据（如交通流量、气候变化等），以便制定相应的政策。相关的研究案例如下。

- 商业智能和市场研究：公司使用数据采集来了解客户行为和市场趋势，从而制定更有效的销售策略。例如，一家电商可能通过跟踪客户在其网站上的浏览和购买历史记录来推断他们的购物喜好，并根据这些信息定制个性化的产品推荐。
- 公共政策和社会科学研究：研究人员和政策制定者通过收集和分析各种数据（如人口统计数据、经济数据、社会网络数据等）来研究社会问题和评估政策效果。
- 健康保健：医疗机构和科研人员使用数据采集来收集和分析患者数据，以便了解疾病的发展趋势，研发新的治疗方法，并提高医疗服务的质量。

然而，数据采集也存在一些挑战。首先，由于现代社会数据量的激增，因此如何从海量数据中高效地获取有用的信息将是一个巨大的挑战，主要体现在以下方面。

- 数据质量：获取的数据可能存在错误、缺失或不一致的问题，这些问题需要在数据清洗阶段进行处理。否则，这些数据质量问题可能影响后续的数据分析和决策。
- 数据隐私和安全：数据采集必须遵守相关的隐私法律和规定，保护个人和公司的数据不被滥用或泄露。这需要采取适当的数据保护措施，如数据加密、访问控制等。
- 大数据处理：现代的数据采集通常涉及大量的数据，这需要通过相应的技术和工具来存储、处理和分析这些数据。例如，使用分布式计算框架（如 Apache Spark）来处理大规模的数据集。

在接下来的章节中将深入探讨如何使用 Python 进行数据采集，也会讨论如何应对这些挑战，使数据采集更加安全、有效和合法。

2.1.3　数据采集的工具和技术

在数据采集过程中，有许多工具和技术可以帮助用户更高效地从不同的数据源中获取数据。这些工具和技术根据数据源和数据类型的不同各有特点。以下是一些常见的工具和技术。

- 网络爬虫：网络爬虫是一种自动从互联网上收集信息的程序。Python 中有许多强大的网络爬虫库，如 Scrapy 和 BeautifulSoup。这些库可以帮助用户从网页中抓取需要的信息。

- API（应用程序接口）：许多在线服务（如社交媒体网站、天气预报服务、股市信息服务等）都提供 API 以允许开发者获取数据。使用 API 获取数据通常比网页抓取更加方便和高效。

- 数据库查询：对于存储在数据库中的数据，用户可以使用 SQL（结构化查询语言）或其他数据库查询语言来获取数据。Python 中的许多库（如 sqlite3、psycopg2、pymysql 等）可以帮助用户连接到数据库并执行查询。

在使用这些工具和技术时，用户也需要注意一些问题。例如，当使用网络爬虫抓取网页时，需要遵守网站的 robots.txt 协议，不对网站服务器造成太大负担。当使用 API 获取数据时，需要遵守服务提供商的使用条款，不滥用 API。当从数据库获取数据时，需要保护数据库的安全，避免数据泄露或损坏。

2.2　数据爬虫技术

2.2.1　网络爬虫概述

网络爬虫也被称为网络蜘蛛或网页机器人，是一种自动抓取网络信息的程序。它首先从一个或多个初始网页开始，然后从这些网页上找到链接，跟踪这些链接到其他网页，再从其他网页上找到更多的链接，以此类推。在这个过程中，爬虫会收集网页的内容，这些内容可以用于后续的搜索、分析或其他用途。

网络爬虫的基本工作流程可以简单地总结为以下几个步骤。

- 发送请求：爬虫向目标网页发送 HTTP 请求（通常是 GET 请求）。

- 接收响应：爬虫接收到服务器返回的 HTTP 响应，这个响应通常包含了网页的 HTML 代码。

- 解析内容：爬虫解析这个 HTML 代码，从中提取出需要的信息，如网页的标题、文本内容、图片、链接等。

- 存储数据：爬虫将提取的信息存储下来，可以保存到文件、数据库或其他数据存储系统中。

- 跟踪链接：爬虫找到 HTML 代码中的链接，并重复上述步骤，抓取链接指向的网页。

在 Python 中，有许多网络爬虫库可以帮助用户更容易地编写网络爬虫。下面是一些常见的库。

- requests：一个用于发送 HTTP 请求的库，可以用来获取网页的 HTML 代码。requests 的 API 设计得非常简洁、易用，因此它是 Python 网络爬虫的常用工具。
- BeautifulSoup：一个用于解析 HTML 和 XML 的库，可以用来提取网页中的信息，如标题、文本、链接等。
- Scrapy：一个强人的网络爬虫框架。相比于 requests 和 BeautifulSoup，Scrapy 提供了更多高级功能，如并发抓取、数据持久化、错误处理等。

2.2.2 聚焦爬虫的工作原理

网络爬虫为搜索引擎从万维网上下载网页，是搜索引擎的重要组成。传统爬虫从一个或若干初始网页的 URL 开始，获取初始网页上的 URL，在抓取网页的过程中，不断从当前页面上抽取新的 URL 放入队列，直到满足系统的一定停止条件。聚焦爬虫的工作流程较为复杂，首先需要根据一定的网页分析算法过滤与主题无关的链接，保留有用的链接并将其放入等待抓取的 URL 队列中。然后根据一定的搜索策略从队列中选择下一步要抓取的网页 URL，并重复上述过程，直到达到系统的某一条件时停止。另外，所有被爬虫抓取的网页将会被系统存贮，进行一定的分析、过滤，并建立索引，以便之后的查询和检索。对于聚焦爬虫来说，这一过程所得到的分析结果还可能对以后的抓取过程给出反馈和指导。

相对于通用网络爬虫，聚焦爬虫还需要解决 3 个主要问题。

（1）对抓取目标的描述或定义。

（2）对网页或数据的分析与过滤。

（3）对 URL 的搜索策略。

2.2.3 爬取网页的框架流程与技术

在使用爬虫技术时，爬虫爬取网页的框架流程如图 2.1 所示。首先从互联网页面中精心选择一部分网页，以这些网页的链接地址作为种子 URL，将这些种子 URL 放入待抓取 URL 队列中，爬虫从待抓取 URL 队列中依次读取 URL，并通过 DNS 解析 URL，把链接地址转换为网站服务器对应的 IP 地址。然后将其和网页相对路径名称交给网页下载器，网页下载器负责网页内容的下载。对于下载到本地的网页，一方面将其存储到网页库中，等待建立索引等后续处理；另一方面将下载网页的 URL 放入已抓取 URL 队列中，这个队列记载了爬虫系统已经下载过的网页 URL，以避免网页的重复抓取。对于刚下载的网页，从中抽取出所包含的所有链接信息，并在已抓取 URL 队列中检查，如果发现链接还没有被抓取过，则将这个 URL 放入待抓取 URL 队列末尾，在之后的抓取调度中会下载这个 URL 对应的网页。重复这类操作就会形成循环，直到待抓取 URL 队列为空，这代表着爬虫系统已将能够抓取的网页内容尽数抓完，此时完成了一轮完整的抓取过程。

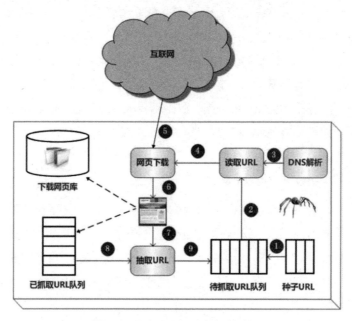

图 2.1　爬虫爬取网页的框架流程

　　本节中的框架流程是通用的爬虫框架流程，绝大多数爬虫系统要遵循此流程，但是并不意味着所有爬虫都如此一致。根据具体应用的不同，爬虫系统在许多方面存在差异。Python 提供了很多类似的模块，包括 urllib、urllib2、urllib3、wget、Scrapy、requests 等。这些模块作用不同，使用方式不同，用户体验不同。对于抓取回来的网页内容，可以通过正则表达式、beautifulsoup4 等模块来处理。本章主要使用 requests 和 beautifulsoup4，它们都是第三方模块。安装代码如下：

```
pip install requests
pip install beautifulsoup4
```

2.2.4　抓取网页数据

2.2.4.1　浏览网页的过程

　　网络爬虫抓取网页数据的过程可以理解为模拟浏览器操作的过程，浏览器浏览网页的基本过程可以分为以下 4 个步骤。

　　（1）浏览器通过 DNS 服务器查找域名对应的 IP 地址。

（2）向 IP 地址对应的 Web 服务器发送请求。

（3）Web 服务器响应请求，返回 HTML 页面。

（4）浏览器解析 HTML 内容，并显示出来。

【扩展知识】

浏览网页是基于 HTTP 协议的，HTTP（超文本传输协议）是一个基于请求与响应模式的、无状态的、应用层的协议，常基于 TCP 的连接方式，HTTP1.1 版本中给出一种持续连接的机制。绝大多数的 Web 应用开发，都是构建在 HTTP 协议之上的。

HTTP 协议的主要特点如下。

（1）支持客户/服务器模式。

（2）简单快速。当客户向服务器请求服务时，只需传送请求方法和路径。常用的请求方法有 GET、HEAD、POST。不同方法规定了客户与服务器联系的类型不同。

由于 HTTP 协议简单，使得 HTTP 服务器的程序规模小，因此通信速度很快。

（3）灵活。HTTP 协议允许传输任意类型的数据对象。正在传输的类型由 Content-Type 加以标记。

（4）无连接。无连接的含义是限制每次连接只处理一个请求。服务器处理完客户的请求，并收到客户的应答后，即可断开连接。采用这种方式可以节省传输时间。

（5）无状态。HTTP 协议是无状态协议。无状态是指协议对于事务处理没有记忆能力。缺少状态意味着如果后续处理需要前面的信息，则它必须重传，这样可能增加每次连接传送的数据量。另一方面，在服务器不需要前面的信息时它的应答较快。

HTTP URL（URL 是一种特殊类型的 URI，包含用于查找某个资源的足够的信息）的格式如下：

```
http://host[":"port][abs_path]
```

http 表示要通过 HTTP 协议来定位网络资源；host 表示合法的 Internet 主机域名或 IP 地址；port 表示指定一个端口号，当为空时使用默认端口号 80；abs_path 表示指定请求资源的 URI。如果 URL 中没有给出 abs_path，那么当它作为请求 URI 时，必须以 "/" 的形式给出，通常这个工作由浏览器自动完成。

例如，在浏览器中输入百度网址时，首先浏览器会向服务器发送 HTTP 请求，然后接收服务器返回的 HTTP 响应。HTTP 是网络中用于传输 HTML 等超文本的应用层协议，在该协议中规定了 HTTP 请求报文与 HTTP 响应报文的格式，如图 2.2 所示。

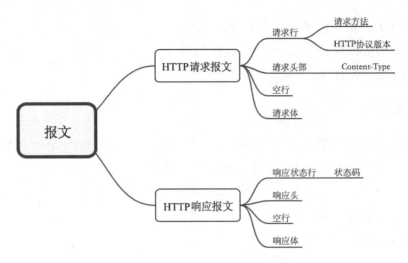

图 2.2　HTTP 请求报文和 HTTP 响应报文的格式

1. HTTP 请求报文

HTTP 协议使用 TCP 协议进行传输，在应用层协议发起交互之前，首先是 TCP 的三次握手。完成了 TCP 的三次握手后，客户端会向服务器发出一个请求报文。一个 HTTP 请求报文由请求行、请求头部、空行和请求体 4 部分组成。HTTP 请求报文头的格式如下：

```
GET /JQ1803/success.html?username=admin&email=luosword%40126.com HTTP/1.1
Host: localhost:63343
Connection: keep-alive Upgrade-Insecure-Requests: 1
User-Agent: Mozilla/5.0 (Windows NT 2.0; Win64; x64) AppleWebKit/537.36
(KHTML, like Gecko) Chrome/74.0.3729.131 Safari/537.36
Accept:text/html,application/xhtml+xml,application/xml;q=0.9,image/webp,image
/apng,*/*;q=0.8,application/signed-exchange;v=b3
Referer:
http://localhost:63343/JQ1803/demo10-1.html?_ijt=f00tdlu61nfelheoj8eon1d855
Accept-Encoding: gzip, deflate, br
Accept-Language: zh-CN,zh;q=0.9
Cookie: Webstorm-66923e82=4a55e087-b7cf-4388-96d4-47deb8563283;
Pycharm7ccbbe23=ecc821c7 -9d29-411a-97ad-98c9f74e9268 If-Modified-Since: Thu, 21
Nov 2019 02:46:28 GMT
```

前 3 行为请求行，其余部分被称为 request-header。请求行中的 method 表示这次请求使用的是 get 方法。请求方法的种类比较多，如 option、get、post、head、put、delete、trace 等，常用的主要有 get、post。get 表示请求页面信息，返回页面实体。

2. HTTP 响应报文

当收到 get 或 post 等方法发来的请求后，服务器就要对请求报文进行响应。同样，响应报文也分为 4 部分。HTTP 响应报文如下：

```
HTTP/1.1 200 OK
content-type: text/html
server: WebStorm 2018.2.2
date: Thu, 28 Nov 2019 16:40:09 GMT
X-Frame-Options: SameOrigin
X-Content-Type-Options: nosniff
x-xss-protection: 1; mode=block
cache-control: private, must-revalidate
last-modified: Thu, 21 Nov 2019 02:46:28 GMT
content length: 167
```

在上述响应报文中，第 1 行是响应状态行，响应状态行中包含 HTTP 协议版本、状态码及对状态码的描述信息；第 2 行是响应头，空行表示响应头的结束，空行后面的内容是响应体。

补充知识：响应代码是服务器根据请求进行查找后得到的结果的一种反馈，共有 5 大类，分别以 1、2、3、4、5 开头。

1**表示接收到请求后，继续执行进程，在发送 post 后可以接收到该应答。

2**表示请求的操作成功，在发送 get 后返回。

3**表示重发，为了完成操作必须进一步动作。

4**表示客户端出现错误。

5**表示服务器出现错误。

其余部分被称为应答实体。

网络爬虫程序可以简单地理解为模拟浏览器发送 HTTP 请求，抓取网页数据的过程，如果想深入理解网络爬虫，则必须掌握 HTTP 请求的基础知识。由于篇幅有限，因此本书只能简要地介绍 HTTP 请求，关于 HTTP 请求的更多内容读者可以自行查阅相关资料了解。

2.2.4.2 使用 requests 库抓取网页

requests 库是一个简洁且简单的、用于处理 HTTP 请求的第三方库，它的最大优点是程序编写过程更接近正常 URL 访问过程。这个库建立在 Python 的 urllib3 库的基础上，类似这种在其他函数库之上再封装功能、提供更友好函数的方式在 Python 中十分常见。在 Python 生态圈里，任何人都有通过技术创新或体验创新发表意见和展示才华的机会。

requests 库支持非常丰富的链接访问功能，包括国际域名和 URL 获取、HTTP 长连接和连接缓存、HTTP 会话和 Cookie 保持、浏览器使用风格的 SSL 验证、基本的摘要认证、有效的 Cookie 记录、自动解压缩、自动内容解码、文件分块上传、HTTP(S)代理功能、连接超时处理、流数据下载等。

网络爬虫和信息提交是 requests 库的基本功能，本节重点介绍与这两个功能相关的常用函数。其中，与请求相关的函数如表 2.1 所示。

表 2.1　requests 库中与请求相关的函数

函数	说明
get(url[,timeout=n])	对应 HTTP 的 GET 方法，抓取网页最常用的方法
post(url,data={'key':'value'})	对应 HTTP 的 POST 方法，其中字典用于传递客户数据
delete(url)	对应 HTTP 的 DELETE 方法
head(url)	对应 HTTP 的 HEAD 方法
options(url)	对应 HTTP 的 OPTIONS 方法
put(url,data={'key':'value'})	对应 HTTP 的 PUT 方法，其中字典用于传递数据
requests.request()	构造一个请求，支撑以上各方法的基础方法

get()是抓取网页最常用的函数，在调用 requests.get( )函数后，返回的网页内容会保存为一个 Response 对象，其中，get()函数的参数 url 链接必须采用 HTTP 或 HTTPS 方式访问。示例代码如下：

```
>>> import requests
>>> resp = requests.get("http://www.baidu.com")
>>> type(resp)
<class 'requests.models.Response'>
```

和浏览器的交互过程一样，requests.get()函数表示请求，返回的 Response 对象表示响应，返回内容作为一个对象更便于操作，Response 对象的属性如表 2.2 所示，需要采用 <a>.<b>形式。

表 2.2　Response 对象的属性

属性	说明
status_code	HTTP 请求的返回状态，200 表示成功
text	HTTP 请求内容的字符串形式，即 URL 对应的页面内容
encoding	从 HTTP 请求头中分析出的响应编码的方式
content	HTTP 响应内容的二进制形式

除了属性，Response 对象还提供了一些方法，如表 2.3 所示。

表 2.3　Response 对象的方法

方法	说明
json()	如果 HTTP 响应内容包含 JSON 格式数据，则该方法解析 JSON 格式数据
raise_for_status()	如果不是 200，则产生异常

属性使用的示例代码如下：

```
>>> resp.status_code
```

```
200
>>> resp.encoding
'ISO-8859-1'
>>> resp.text
'<!DOCTYPE html>\r\n<!--STATUS OK--><html> <head><meta http-equiv=content-
type content=text/html;……
```

requests 会自动解码来自服务器的内容。大多数 Unicode 字符集都能被无缝地解码。

请求发出后，requests 会基于 HTTP 头部对响应的编码作出有根据的推测。当访问 resp.text 时，requests 会使用其推测的文本编码。用户可以找出 requests 使用了什么编码，并且能够使用 resp.encoding 属性来改变它。示例代码如下：

```
>>> resp.encoding
'utf-8'
>>> resp.encoding = 'ISO-8859-1'
```

如果改变了编码，再次访问 resp.text，则 Request 对象都将会使用 resp.encoding 的新值。有时，我们希望在使用特殊逻辑计算出文本编码的情况下来修改编码。例如，HTTP 和 XML 自身可以指定编码。这样的话，就应该使用 resp.content 来获得编码，并设置 resp.encoding 属性值为相应的编码。这样就能使用正确的编码解析 resp.text 了。

在必要的情况下，requests 也可以使用定制的编码。如果创建了自己的编码，并使用 codecs 模块进行注册，则可以轻松地使用这个解码器名称作为 resp.encoding 的值，并由 requests 来为你处理编码。

当单响应内容为 JSON 格式时，requests 中也有一个内置的 JSON 解码器，帮助用户处理 JSON 数据。示例代码如下：

```
>>> import requests
>>> r = requests.get('https://api.github.com/events')
>>> r.json()
[{u'repository': {u'open_issues': 0, u'url': 'https://github.com/...
```

如果 JSON 解码失败，r.json()方法就会抛出一个异常。例如，响应内容是 401(Unauthorized)，尝试访问 r.json()方法将会抛出 ValueError:NoJSONobjectcouldbedecoded 异常。

需要注意的是，成功调用 r.json()方法并不意味着响应的成功。有的服务器会在失败的响应中包含一个 JSON 对象（比如 HTTP500 的错误细节），这种 JSON 会被解码返回。要检查请求是否成功，请使用 r.raise_for_status()方法，或者检查 r.status_code 是否和自己的期望相同。

【错误与异常】

当遇到网络问题（如 DNS 查询失败、拒绝连接等）时，requests 会抛出一个 ConnectionError 异常。

如果 HTTP 请求返回了不成功的状态码，则 response.raise_for_status()方法会抛出一个 HTTPError 异常。

如果请求超时，则会抛出一个 Timeout 异常。

如果请求超过了设定的最大重定向次数，则会抛出一个 TooManyRedirects 异常。

所有 requests 显式抛出的异常都继承自 requests.exceptions.RequestException。

2.2.5 解析网页数据

2.2.5.1 网页数据结构分析

通过 requests 库抓取的是整个 HTML 网页的数据，如果希望对网页的数据进行过滤筛选，则需要先了解 HTML 网页结构与内容。

HTML 是用来描述网页的一种语言，它包含了文字、按钮、图片、视频等各种复杂的元素，不同类型的元素通过不同类型的标签表示。例如，超链接使用 a 标签表示，图片使用 img 标签表示，段落使用 p 标签表示，布局通过 div 标签排列或嵌套形成。接下来我们在 Google Chrome 浏览器中打开华中科技大学首页，单击鼠标右键，在弹出的快捷菜单中选择"检查"命令，这时在"Elements"选项卡中可以看到华中科技大学首页的源代码，如图 2.3 所示。

图 2.3　华中科技大学首页的源代码

从图 2.3 中可以看出，整个网页由各种标签嵌套组合而成，这些标签定义的节点元素相互嵌套和组合形成了复杂的结构，这就是网页的 HTML 结构。

2.2.5.2 解析网页

网页解析器就是用来解析 HTML 网页的工具，准确地说它是一个 HTML 网页信息提取工具，可以从 HTML 网页中解析并提取出"有价值的数据"或者"新的 URL 链接"。解析网页如图 2.4 所示。

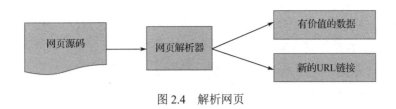

图 2.4 解析网页

Python 支持一些解析网页的技术，分别为正则表达式、Xpath、BeautifulSoup 和 JSONPath。

（1）正则表达式基于文本的特征来匹配或查找指定的数据，它可以处理任何格式的字符串文档，类似于模糊匹配的效果。

（2）Xpath 和 BeautifulSoup 基于 HTML 或 XML 文档的层次结构来确定到达指定节点的路径，所以它们更适合处理层级比较明显的数据。

（3）JSONPath 专门用于 JSON 文档的数据解析。

针对不同的网页解析技术，Python 分别提供支持不同技术的模块和库。其中，re 模块支持正则表达式语法的使用，lxml 模块支持 Xpath 语法的使用，json 模块支持 JSONPath 语法的使用。此外，BeautifulSoup 本身就是一个 Python 库，官方推荐使用 beautifulsoup4 进行开发。解析技术对比表如表 2.4 所示。

表 2.4 解析技术对比表

抓取工具	速度	使用难度	安装难度
re	最快	困难	无
lxml	快	简单	一般
beautifulsoup4	慢	最简单	简单

2.2.5.3 使用 beautifulsoup4 解析网页数据

beautifulsoup4 是一个可以从 HTML 或 XML 文档中提取数据的 Python 库。它能够通过用户喜欢的转换器实现惯用的文档导航、查找、修改的方式。beautifulsoup4 会帮助你节省数小时甚至数天的工作时间。

beautifulsoup4 库也被称为 BeautifulSoup 库或 bs4 库，用于解析和处理 HTML 和 XML 文档。它的最大优点是能根据 HTML 和 XML 语法建立解析树，进而高效解析其中的内容。HTML 建立的 Web 页面一般非常复杂，除了有用的内容信息，还包括大量用于页面格式的元素，直接解析一个 Web 页面需要深入了解 HTML 语法，而且比较复杂。beautifulsoup4 库将专业的 Web 页面格式部分解析并封装成函数，提供了若干有用且便捷的处理函数。beautifulsoup4 库采用面向对象思想，简单地说，它把每个页面当作一个对象，通过<a>.<b>的方式调用对象的属性，或者通过<a>.b>()的方式调用方法（即处理函数）。

在使用 beautifulsoup4 库前需要导入，语法如下：

```
from bs4 import BeautifulSoup
```

beautifulsoup4 提供一些简单的、Python 式的函数用来处理导航、搜索、修改分析树等功能。它是一个工具箱，通过解析文档为用户提供需要抓取的数据，因为简单，所以不需要多少代码就可以编写出一个完整的应用程序。

beautifulsoup4 自动将输入文档转换为 Unicode 编码，输出文档转换为 utf-8 编码。你不需要考虑编码方式，除非文档没有指定编码方式，这时，beautifulsoup4 就不能自动识别编码方式了。另外，仅需要说明一下原始编码方式就可以了。

beautifulsoup4 已成为和 lxml、html6lib 一样出色的 Python 解释器，为用户灵活地提供不同的解析策略和强劲的速度。

使用 beautifulsoup4 解析网页数据的一般流程如图 2.5 所示。

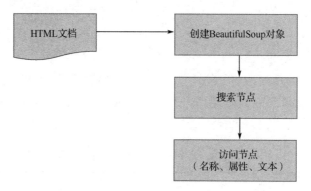

图 2.5　使用 beautifulsoup4 解析网页数据的一般流程

从流程图可以看出需要先将 HTML 文档传入 beautifulsoup4 中，通过其构造方法，就能得到一个文档的对象，可以传入一段字符串或一个文件对象。示例代码如下：

```
from bs4 import BeautifulSoup
soup = BeautifulSoup(open("index.html"))
soup = BeautifulSoup("<html>data</html>")
```

beautifulsoup4 将复杂的 HTML 文档转换成一个复杂的树形结构，每个节点都是 Python 对象，所有对象可以归纳为 4 种：Tag、NavigableString、BeautifulSoup、Comment。

（1）bs4.element.Tag 类：表示 HTML 中的标签，最基本的信息组织单元。它有两个非常重要的属性，分别为表示标签名称的 name 属性、表示标签属性的 attrs 属性。

（2）bs4.element.NavigableString 类：表示 HTML 中的文本（非属性字符串）。

（3）bs4.BeautifulSoup 类：表示 HTML DOM 中的全部内容。

（4）bs4.element.Comment 类：表示标签内字符串的注释部分，是一种特殊的 NavigableString 对象。

beautifulsoup4 库中最主要的是 BeautifulSoup 类，其对象相当于一个页面，可以通过 requests 获取 Response 对象并通过其 text 属性创建一个 BeautifulSoup 对象。示例代码如下：

```
from bs4 import BeautifulSoup
```

```
r = requests.get("http://www.baidu.com")  #通过 get 请求获取一个 Response 对象
r.encoding = "utf-8"
soup = BeautifulSoup(r.text,"lxml") #创建一个 BeautifulSoup 对象
print(type(soup))
```

运行结果如下：

```
<class 'bs4.BeautifulSoup'>
```

创建的 BeautifulSoup 对象是一个树形结构，它包含 HTML 页面中的每个标签元素（Tag），如<head>、<body>等。具体来说，HTML 页面中的主要结构都是 BeautifulSoup 的一个属性，可以直接使用<a>.<b>的形式。常用属性如表 2.5 所示。

表 2.5　BeautifulSoup 的常用属性

属性	说明
head	HTML 页面 head 标签
title	HTML 页面 title 标签
body	HTML 页面 body 标签
p	HTML 页面第一个 p 标签
strings	标签的字符串内容
stripped_strings	HTML 页面上的非空格字符串

下面将通过示例代码演示这些属性的使用。

（1）在和 Python 同一个文件夹下面创建一个简单的测试网页。示例代码如下：

```
<!DOCTYPE html>
<html lang="en">
<head>
    <meta charset="UTF-8">
    <title>解析网页</title>
</head>
<body>

<div>
    <a href="class.html">类介绍</a>
    <a href="attr.html">属性介绍</a>
    <a href="method.html">方法介绍</a>
</div>
<!--这是一个段落-->
<p>
    BeautifulSoup 将复杂 HTML 文档转换成一个复杂的树形结构
</p>

<!--这是一个内容列表-->
<div>
```

```
    <ul>
        <li>1.获取网页内容</li>
        <li>2.解析网页内容</li>
        <li>3.获取有用信息</li>
    </ul>
</div>


</body>
</html>
```

（2）解析网页数据。示例代码如下：

```python
from bs4 import BeautifulSoup
import re
doc = open("index.html",encoding='utf-8')
print(doc.encoding)
soup = BeautifulSoup(doc,"lxml")    #创建 BeautifulSoup 对象
print(type(soup.title))
print(soup.title)      #获取 title 标签
print(soup.title.string)    #获取 title 标签中的文本内容

print(soup.p)         #获取第一个 p 标签
a_all = soup.find_all('a');   #检查所有的 a 标签
print(a_all)

a_html = soup.find_all('a',{'href':re.compile('html')})
print("a 标签中的 href 属性内有 html 的元素: ")
print(a_html)

print(a_all[0].name)   #输出数组中的第一个 a 标签的名称
print(a_all[0].attrs)    #输出数组中的第一个 a 标签的所有属性
print(soup.find_all("div")[1].contents)  #获取第二个 div 中的所有内容
```

程序运行结果显示如下：

```
utf-8
<class 'bs4.element.Tag'>
<title>解析网页</title>
解析网页
<p>
    BeautifulSoup 将复杂 HTML 文档转换成一个复杂的树形结构
</p>
[<a href="class.html">类介绍</a>, <a href="attr.html">属性介绍</a>, <a
href="method.html">方法介绍</a>]
a 标签中的 href 属性内有 html 的元素：
```

```
[<a href="class.html">类介绍</a>, <a href="attr.html">属性介绍</a>, <a
href="method.html">方法介绍</a>]
a
{'href': 'class.html'}
['\n', <ul>
<li>1.获取网页内容</li>
<li>2.解析网页内容</li>
<li>3.获取有用信息</li>
</ul>, '\n']
```

BeatifulSoup 属性与 IITML 的标签名称相同，除了表 2.5 中的属性还有很多其他属性，可以根据 HTML 语法去理解，每一个 Tag 标签在 beautifulsoup4 库中也是一个对象，称为 Tag 对象。在上述示例中，title 是一个标签对象。每个标签对象在 HTML 中都有类似的结构。

```
<a href="class.html">类介绍</a>
```

其中标签"a"是 name，"href"是 attrs，标签中的内容"类介绍"是 string。因此，可以通过 Tag 对象的 name、attrs、string 属性获取对应的内容，Tag 对象的常用属性如表 2.6 所示。

表 2.6　Tag 对象的常用属性

属性	说明
name	字符串类型，标签的名称，比如 div、a、p
attrs	字典类型，包含了标签的所有属性，比如 href、class 等
contents	列表类型，标签下所有子标签的内容
string	字符串类型，标签所包围的文本，网页中真实的文字

由于 HTML 语法可以在标签中嵌套其他标签，因此 string 属性的返回值遵循如下原则。

（1）如果标签内部没有其他标签，则 string 属性返回其中的内容。

（2）如果标签内部只有一个标签，则 string 属性返回最里面标签的内容。

（3）如果标签内部有超过一层嵌套的标签，则 string 属性返回 None（空字符串）。

当需要列出标签对应的所有内容或找到非第一个标签时，需要用到 beautifulsoup4 的 find() 和 find_all() 函数。这两个函数会遍历整个 HTML 文档，按照条件返回标签内容。示例代码如下：

```
find_all(name,attrs,recursive,string,limit)
```

作用：根据参数找到对应标签，返回列表类型。

参数 name 表示按照标签名称检索；参数 attrs 表示按照标签属性值检索，需要列出属性名称和值，采用 JSON 格式；参数 recursive 表示设置检索的层次，如在查找当前标签下一层时使用 recursive=False；参数 string 表示按照关键字检索 string 属性内容，采用 string= 开始；参数 limit 表示结果的个数，默认返回全部结果。

示例中 beautifulsoup4 的 find_all()函数可以根据标签名称、标签属性和内容检索并返回标签列表，通过片段字符串检索时，需要使用正则表达式 re 函数库，re 是 Python 标准库，直接通过 import re 即可使用。采用 re.compile('html')对片段字符串进行匹配，当对标签的属性进行检索时，采用 JSON 格式，如'href':re.compile('html')。其中键-值对中的值可以是字符串或正则表达式。

除了 find_all()函数，beautifulsoup4 中还有 find()函数，它们的区别在于前者返回全部的结果，后者返回找到的第一个结果。由于 find_all()函数返回全部结果，因此其类型为列表。而 find()函数返回单个结果，因此其类型为字符串。find( )函数返回字符串的形式如下：

```
find(name,attrs,recursive,string)
```

作用：根据参数找到对应标签，采用字符串返回找到的第一个结果。

2.2.5.4　beautifulsoup4 的应用

华中科技大学是国家教育部直属重点综合性大学，由原华中理工大学、同济医科大学、武汉城市建设学院于 2000 年 5 月 26 日合并成立，是国家"211 工程"重点建设和"985 工程"建设高校之一，是首批"双一流"建设高校。该高校设有多个院系，如图 2.6 所示。

图 2.6　华中科技大学的院系设置网页

本节将采用爬虫技术抓取华中科技大学网址中院系设置网页下的所有学院名称和其网址，并将学院名称和其网址存储到 Excel 表格中。

通过浏览器查看网页源代码，如图 2.7 所示。

图 2.7　院系设置网页的源代码

下面通过以下步骤完成该网页内容的抓取和保存。

1. 抓取网页的内容

开发爬虫项目的第一步是利用 requests 库抓取整个网页的源代码，此操作需要向目标网站发送请求，如 get 请求，得到响应对象，设置响应对象编码"utf-8"。将抓取网页的源代码封装到 get_html() 函数中。示例代码如下：

```python
from bs4 import BeautifulSoup
import re
import requests
import pandas as pd


#从网页加载源代码
def get_html(url):
    try:
        resp = requests.get(url,timeout=30)
        resp.encoding = 'utf-8'
        return resp.text
    except:
        print('error......')
        return ''
```

2. 分析网页结构，提取所需信息

在浏览器中打开网页，查看源代码，或者使用元素检查工具，直接查看要获取的网页元素的结构，通过结构可以看出学院信息在如下标签中：

```html
<ul class=" list-paddingleft-2">
```

```
    <LI>
        <P><A title="机械科学与工程学院" href="http://mse.hust.edu.cn/"
target="_blank" onclick="_addDynClicks(&#34;wburl&#34;, 1458269497, 43098)">机械
科学与工程学院</A>
        </P>
    </LI>
    <LI>
        <P><A title="计算机科学与技术学院" href="http://www.cs.hust.edu.cn/"
target="_blank" onclick="_addDynClicks(&#34;wburl&#34;, 1458269497, 43099)">计算
机科学与技术学院</A></P>
    </LI>
    <LI>
        <P><A title="生命科学与技术学院" href="http://life.hust.edu.cn/"
target="_blank" onclick="_addDynClicks(&#34;wburl&#34;, 1458269497, 43100)">生命
科学与技术学院</A></P>
    </LI>
    ……
</ul>
```

从学院信息所在的标签结构中分析，首先需要找到"<ul class=" list-paddingleft-2">"，然后找到 ul 下面的所有 a 标签，将 a 标签的内容和 href 属性值放入字典数据类型中，并将所有的学院信息放入列表中。将以上解析网页数据提取所需信息的代码封装到 parse_html() 函数中，该函数定义如下：

```python
#分析网页源码结构，提取所需信息
def parse_html(html):
    soup = BeautifulSoup(html,'lxml')
    uls = soup.find_all('ul',{'class':re.compile('\d*list-paddingleft-2')})
    #print(uls)
    colleges=[]
    for xyul in uls:
        list_a = xyul.find_all("a")
        for a in list_a:
            college={}    #创建字典类型保存学院名称和网址
            college['cname'] = a.string    #保存学院名称
            college['url'] = a.attrs['href']  #保存学院网址
            colleges.append(college)    #添加到学院列表中
    for c in colleges:
        print(c['cname'] + "," + c['url'])
    return colleges
```

3．使用 Excel 文件保存抓取的数据

为了方便用户查看解析后的数据，这里使用 pandas 模块将这些数据写入 Excel 文件中，保存解析数据的代码封装到 saveToExcel()函数中。示例代码如下：

```
#保存到 Excel 中
def saveToExcel(dic):
    df = pd.DataFrame(dic,columns={"cname","url"})
    df.to_excel(r'colleges-info.xlsx')
    print("保存成功! ")
```

将以上 3 个步骤中的程序在 main()函数中调用，依次调用用于抓取、解析、保存的程序，最后执行 main()函数。示例代码如下：

```
def main():
    #加载网页数据
    html = get_html("http://www.hust.edu.cn/yxsz.htm")
    #解析网页数据提取信息
    dic_college = parse_html(html)
    #保存到 Excel 文件中
    saveToExcel(dic_college)


#执行 main()函数，依次调用用于抓取、解析、保存的程序
main()
```

完成后，在源代码文件夹中可以看到多了一个"colleges-info.xlsx"文件，保存到该文件中的数据如图 2.8 所示。

图 2.8　保存到 Excel 文件中的数据

通过以上步骤就完成了抓取华中科技大学网站中院系信息的操作。

2.3　数据采集的安全问题

在数据采集过程中，需要注意一些安全问题，包括数据的隐私保护、数据的合法性和道德问题、数据采集过程中的技术风险。以下将详细地介绍这些安全问题及其解决方案。

2.3.1　数据的隐私保护

数据的隐私保护是数据采集过程中的一个重要问题。在采集个人或公司的数据时，需要确保这些数据的隐私得到保护。这可能涉及用户的隐私政策、数据的匿名化处理、个人数据的加密存储等问题。侵犯数据隐私可能导致法律问题，也会有损个人或公司的声誉。

解决方案： 在采集个人或公司的数据时，应该尊重并遵守相关的隐私政策和法律规定。例如，应该取得用户的同意，或者确保数据在使用前进行匿名化处理。另外，应该安全地存储采集的数据，并且只有被授权的人员才能访问。

2.3.2　数据的合法性和道德问题

数据的合法性和道德问题是另一个重要的问题。例如，是否有权采集某个网站的数据？是否可以采集并使用某个 API 的数据？这些问题都可能涉及版权、许可证等法律问题。此外，即使法律允许采集数据，也需要考虑道德问题。例如，是否应该采集用户的个人数据？是否应该采集敏感信息？

解决方案： 在开始数据采集活动之前，应该先进行一些法律咨询，确保数据采集活动的合法性。同时，需要考虑道德问题，尊重数据源和用户的个人权益。此外，应该遵守数据源的 robots.txt 协议和 API 的使用条款。

2.3.3　数据采集过程中的技术风险

数据采集过程中也存在一些技术风险，如数据泄露、数据损坏、网络攻击等。例如，当数据采集程序存在漏洞时，攻击者可能利用这些漏洞获取或篡改数据。此外，如果网络连接不安全，则数据在传输过程中也可能被截获或篡改。

解决方案： 采用安全的编程实践，如数据加密、错误处理、输入验证等，可以帮助防止数据泄露和损坏。同时，应该定期备份数据，以防数据丢失。另外，应该使用安全的网络连接，如 HTTPS，以保护数据在传输过程中的安全。

让我们看一个关于社交媒体网站数据采集的案例。社交媒体网站是数据采集的常见目标，因为它们包含了大量的用户生成内容。然而，这些网站的数据采集活动经常引发隐私和道德问题。

假设一个研究人员想要通过微博 API 采集用户的推文数据来进行情感分析。这个研究可能涉及以下的安全问题。

- 隐私保护：推文可能包含用户的个人信息，如地理位置、关注的话题等。因此，研究人员需要确保这些数据的隐私得到保护。例如，通过匿名化处理用户的标识信息，或者只使用用户的公开信息。
- 合法性和道德问题：尽管微博 API 允许采集用户的推文数据，但是，这并不意味着所有的数据采集活动都是合法和道德的。例如，如果研究人员采集了用户的敏感信息，如政治观点、宗教信仰，则可能引发道德问题。因此，研究人员需要考虑这些问题，可能需要取得用户的同意，或者避免采集敏感信息。
- 技术风险：当使用 API 采集数据时，研究人员需要注意 API 的使用限制，以及可能存在的技术风险。例如，如果研究人员过于频繁地调用 API，则可能被微博暂时或永久封禁。此外，如果研究人员没有正确地处理 API 的错误响应，则可能导致数据丢失或损坏。

从这个案例中，我们可以看到数据采集不仅仅是一个技术问题，也涉及法律和道德问题。因此，在进行数据采集时，需要考虑并解决这些安全问题，以确保数据的安全和合法性。

2.4　反爬虫技术与应对策略

在数据采集过程中，可能会遇到各种反爬虫技术，这些技术旨在阻止或限制爬虫程序的活动。因此，我们需要了解这些技术，并学会如何应对。本节将详细介绍常见的反爬虫技术与应对策略。

2.4.1　常见的反爬虫技术

网络爬虫可以自动化地从网站上采集数据，这使得它们在许多领域中都非常有用。然而，也正因为网络爬虫的这种能力，有些人可能会滥用它们，对网站进行过度地访问，甚至获取和使用不应公开的信息。

网站反爬虫技术的出现，主要是为了保护网站的数据和服务不被滥用。当一个网络爬虫过于频繁地访问一个网站时，可能会给网站的服务器带来巨大的负担，影响服务器性能，甚至导致服务器宕机。此外，网络爬虫可能会采集并使用一些敏感的、不应被公开的信息，这可能会侵犯用户的隐私，甚至违反相关法律法规。

因此，网站需要反爬虫技术来限制或阻止网络爬虫的行为，保护自身的数据和服务不被滥用。

反爬虫技术是一种用于阻止或限制网络爬虫访问网站的技术。常见的反爬虫技术如下。

- robots.txt 协议：许多网站都会使用 robots.txt 文件来指示哪些页面可以被爬虫访问，哪些页面不能被访问。如果你的爬虫程序不遵守这个协议，则爬虫可能会被网站视为恶意行为。
- User-Agent 检查：许多网站会检查访问者的 User-Agent 信息，以识别是否为爬虫。如果你的爬虫程序使用的 User-Agent 是默认的 Python 或 Scrapy 的 User-Agent，则爬虫可能会被网站阻止。
- IP 地址限制：网站可能会限制来自同一 IP 地址的访问频率。如果你的爬虫程序访问太过频繁，则可能会被网站暂时或永久封禁。
- 动态页面和 JavaScript：许多网站会使用动态页面和 JavaScript 来展示内容。这些页面的内容不能直接从 HTML 代码中获取，需要通过浏览器执行 JavaScript 后才能看到。因此，这些页面对于传统的爬虫程序来说，可能很难爬取。

使用反爬虫技术需要有一定的网络和编程知识。下面是一些基本的使用方法。

（1）使用 robots.txt 协议：首先需要在网站的根目录下创建一个名为 robots.txt 的文件，然后在文件中指定哪些页面可以被爬虫访问，哪些页面不能被访问。

（2）检查 User-Agent：在服务器的配置文件中，添加规则来检查访问者的 User-Agent 信息。如果发现是网络爬虫，则可以拒绝其访问。

（3）限制 IP 地址的访问频率：在服务器的配置文件中，添加规则来限制来自同一 IP 地址的访问频率。

（4）添加验证码或登录认证：在网站的关键页面中添加验证码或登录认证以阻止网络爬虫的访问。

（5）使用动态页面和 JavaScript：将数据隐藏在动态页面或 JavaScript 代码中，使得网络爬虫无法直接获取数据。

以上只是一些基本的使用方法，实际上，使用反爬虫技术可能需要更深入的技术知识和对网站的理解。例如，可能需要了解 HTTP 协议、Web 服务器的工作原理、JavaScript 等。此外，也可能需要了解网络爬虫的工作原理，以便更有效地防止其行为。

2.4.2　应对策略与实现

对于数据采集者来说，理解并能够应对反爬虫技术是非常重要的。下面，将介绍几种常见的应对策略及其在 Python 中的具体实现。

1. 遵守 robots.txt 协议

虽然 robots.txt 协议是自愿遵守的,但遵守这个协议是被广泛推荐的做法。它不仅可以帮助我们尊重网站的数据使用规定,也可以避免我们的爬虫被网站封禁。

在 Python 中,用户可以使用 urllib.robotparser 模块来解析 robots.txt 文件。示例代码如下:

```
from urllib.robotparser import RobotFileParser
rp = RobotFileParser()
rp.set_url('https://www.example.com/robots.txt')
rp.read()
can_fetch = rp.can_fetch('*', 'https://www.example.com/somepage')
```

2. 改变 User-Agent

很多网站会根据 User-Agent 判断是否为网络爬虫。我们可以改变爬虫的 User-Agent,使其看起来像一个正常的浏览器。

在 Python 的 requests 库中,用户可以通过设置 headers 来改变 User-Agent。示例代码如下:

```
import requests
headers = {
    'User-Agent': 'Mozilla/5.0 (Windows NT 10.0; Win64; x64)
AppleWebKit/537.36 (KHTML, like Gecko) Chrome/58.0.3029.110 Safari/537.3'
    }
response = requests.get('https://www.example.com', headers=headers)
```

3. 使用代理 IP 地址

对于 IP 地址限制,用户可以使用代理 IP 地址来规避。例如,从网上购买代理 IP 地址,或者使用免费的代理 IP 地址。

在 Python 的 requests 库中,用户可以通过设置 proxies 来使用代理 IP 地址。示例代码如下:

```
import requests

proxies = {
  'http': 'http://10.10.1.10:3128',
  'https': 'http://10.10.1.10:1080',
}

response = requests.get('https://www.example.com', proxies=proxies)
```

4. 处理验证码和登录认证

对于验证码，用户可以使用图像识别技术，如 OCR 或深度学习。对于登录认证，用户可以使用模拟登录技术，如使用 requests 库模拟 POST 请求。

5. 处理动态页面和 JavaScript

对于动态页面和 JavaScript，用户可以使用 Python 的 Selenium 库来模拟浏览器操作。

以上只是一些基本的应对策略及其在 Python 中的具体实现，实际上可能需要更多的技术知识和经验。但无论如何，用户都应当遵守相关的法律法规，并尊重网站的数据使用规定，否则可能会承担法律责任。

注意：以上的示例代码仅供参考，并不保证在所有情况下都能有效。在实际使用中，你可能需要根据具体情况进行调整。

现在，让我们通过一些案例来更好地理解如何应对反爬虫技术。

案例 1：遵守 robots.txt 协议

假设我们正在爬取 example.com 网站，首先查看它的 robots.txt 文件，然后使用 urllib.robotparser 模块来判断使用的爬虫是否可以访问某个页面。示例代码如下：

```python
from urllib.robotparser import RobotFileParser

rp = RobotFileParser()
rp.set_url('https://www.example.com/robots.txt')
rp.read()

can_fetch = rp.can_fetch('*', 'https://www.example.com/somepage')
if can_fetch:
    print('We can fetch this page.')
else:
    print('We cannot fetch this page.')
```

案例 2：改变 User-Agent

假设我们正在爬取 example.com 网站，可以改变爬虫的 User-Agent，使其看起来像一个正常的浏览器。示例代码如下：

```python
import requests

headers = {
    'User-Agent': 'Mozilla/5.0 (Windows NT 10.0; Win64; x64)
AppleWebKit/537.36 (KHTML, like Gecko) Chrome/58.0.3029.110 Safari/537.3'
}
response = requests.get('https://www.example.com', headers=headers)
print(response.text)
```

案例 3：使用代理 IP 地址

假设我们正在爬取 example.com 网站，可以使用代理 IP 地址来规避 IP 地址限制。示例代码如下：

```
import requests
proxies = {
    'http': 'http://10.10.1.10:3128',
    'https': 'http://10.10.1.10:1080',
}
response = requests.get('https://www.example.com', proxies=proxies)
print(response.text)
```

这些只是应对反爬虫技术的基本策略，实际上，反爬虫技术和应对策略是一个持续的"猫捉老鼠"过程。需要根据具体情况，不断地调整和优化应对策略。

2.4.3　Python 实践：应对反爬虫技术

本节将通过 Python 实践来具体演示如何应对反爬虫技术。

首先，安装必要的 Python 库。示例代码如下：

```
pip install requests
pip install scrapy
pip install selenium
```

然后，编写一个简单的 Python 爬虫程序，演示如何遵守 robots.txt 协议、改变 User-Agent、使用代理 IP 地址，以及使用 Selenium 获取动态页面的内容。示例代码如下：

```
#导入必要的库
import requests
from scrapy.http import HtmlResponse
from selenium import webdriver


#遵守 robots.txt 协议
#在 Scrapy 框架中，只需要在 settings.py 文件中设置 ROBOTSTXT_OBEY=True 即可


#改变 User-Agent
headers = {
    'User-Agent': 'Mozilla/5.0 (Windows NT 10.0; Win64; x64)
AppleWebKit/537.36 (KHTML, like Gecko) Chrome/58.0.3029.110 Safari/537'
}
url = 'https://www.example.com'
response = requests.get(url, headers=headers)


#使用代理 IP 地址
proxies = {
```

```
    'http': 'http://10.10.1.10:3128',
    'https': 'http://10.10.1.10:1080',
}
response = requests.get(url, headers=headers, proxies=proxies)

#使用 Selenium 获取动态页面的内容
driver = webdriver.Firefox()
driver.get(url)
html = driver.page_source
response = HtmlResponse(url=url, body=html.encode('utf-8'))
#此时，用户可以使用 Scrapy 的选择器来解析 response 中的内容
```

以上只是一个基础的示例，实际的爬虫程序可能需要应对更复杂的反爬虫技术，如验证码、登录认证、WebSocket 通信等。此外，用户需要对爬虫程序进行优化，如使用异步 I/O 以提高效率、使用持久化存储来保存数据、处理网络错误和异常等。

实践任务：设计并实现一个智能新闻爬虫

【需求分析】

设计并实现一个智能新闻爬虫，该爬虫能够定期访问指定的新闻网站，抓取最新的新闻标题、作者、发布时间和内容，并将这些信息存储到本地或数据库中。同时，爬虫需要具备应对网站反爬虫技术的能力。

【实现思路】

- 爬虫设计：首先需要设计一个爬虫程序，然后使用 Python 中的 requests 库进行网络请求，并使用 beautifulsoup4 库进行网页解析。
- 应对反爬虫技术：考虑到可能遇到的反爬虫技术，可以设计一些策略来应对，比如随机 User-Agent，代理 IP 地址等。
- 数据处理与保存：需要设计数据模型来处理和保存抓取的数据，可以将数据保存到文本文件或数据库中。

【任务分解】

- 了解目标网站结构：访问目标新闻网站，了解其网页结构，找到新闻标题、作者、发布时间和内容对应的 HTML 标签。
- 设计爬虫程序：编写 Python 程序，使用 requests 库进行网络请求，获取网页内容。
- 解析网页内容：使用 beautifulsoup4 库解析网页内容，提取新闻标题、作者、发布时间和内容。

- 应对反爬虫技术：设计并实现应对反爬虫技术的策略，如随机 User-Agent，代理 IP 地址等。
- 数据处理与保存：设计数据模型，并将抓取的数据保存到文本文件或数据库中。

【参考代码】

```python
import requests
from bs4 import BeautifulSoup
import random

#随机选取一个 User-Agent
user_agents = [
    'Mozilla/5.0 (Windows NT 10.0; Win64; x64) AppleWebKit/537.36 (KHTML,
like Gecko) Chrome/89.0.4389.82 Safari/537.36',
    #添加更多 User-Agent
]
headers = {
    'User-Agent': random.choice(user_agents),
}

url = 'https://news.example.com'  #更改为目标新闻网站的 URL
response = requests.get(url, headers=headers)

soup = BeautifulSoup(response.text, 'html.parser')
news_list = soup.find_all('div', {'class': 'news_item'})  #修改为真实的 HTML 标签
和类名

for news in news_list:
    title = news.find('h2').text
    author = news.find('div', {'class': 'author'}).text
    time = news.find('div', {'class': 'time'}).text
    content = news.find('div', {'class': 'content'}).text

    print(title, author, time, content)
```

实 践 评 价

评价项	评价内容	得分
代码分析	代码思路分析	
代码设计	代码算法设计	
代码编写	功能实现与代码规范	
代码测试	测试用例	

本 章 总 结

本章主要涵盖了数据采集和数据保护的重要内容。首先，重新审视了数据采集的基础知识，解释了数据采集的重要性，并介绍了一些常见的挑战和问题。然后，深入探讨了 Python 中的数据爬虫技术，讲解了常用的网络爬虫库和工具的使用方法。在探讨数据采集的安全问题的过程中，详细阐述了数据泄露和滥用的风险，并为这些问题提供了一些防护策略和措施。最后，介绍了常见的反爬虫技术，讲解了它们的工作原理，并提供了使用 Python 技术应对反爬虫技术的策略和实践案例。

在学习本章的过程中，通过理论的学习和实践案例的分析，我们应该明白：在进行数据采集的过程中，安全问题是必须面对并解决的重要问题。我们需要尊重和遵守相关的法律法规，避免数据滥用，保护个人和企业的数据安全。同时，也需要掌握一些基本的技术和策略，以应对可能遇到的安全隐患和威胁。

总的来说，通过本章的学习，读者应该了解到数据采集和数据保护是一个复杂而重要的内容，需要持续地学习和实践，以提高我们的技术水平和防护能力。

本 章 练 习

1. 描述数据采集的重要性和可能面临的挑战。
2. 什么是数据爬虫？简述在 Python 中你了解的网络爬虫库和工具。
3. 描述在数据采集过程中可能出现的安全问题，以及解决这些问题的方案。
4. 解释反爬虫技术的工作原理，并给出你了解的几种常见的反爬虫技术。
5. 使用 Python 编写一个简单的数据爬虫程序，目标可以是你感兴趣的任何公开可获取的数据源（注意遵守相关的法律法规和网站规定）。
6. 设计一个情景，模拟网站使用了一种反爬虫技术，你需要设计一种策略或方法来应对这种反爬虫技术。

第 3 章

Python 的数据操作与安全

本 章 简 介

本章将介绍 Python 在数据操作和数据安全方面的应用。数据操作是数据处理和转换的关键步骤，对于数据的质量和准确性至关重要。数据清洗是数据操作的一部分，包括处理缺失值、异常值、重复值和冗余值，以及校验和转换数据格式与类型。数据分析是从数据中提取有用信息和获得洞察力的过程。本章还将介绍数据分析的基础知识，包括定义、目标、流程和方法，以及常用的数据分析技术和方法。数据安全在数据操作和数据分析中扮演重要角色。我们将讨论数据安全的问题，如数据隐私保护、敏感信息脱敏、数据匿名化和去标识化，以及数据泄露防护。最后，本章将提供数据清洗与数据处理的实践任务，探讨数据清洗过程中的安全问题，并介绍相应的防护措施。同时，会讨论数据分析过程中的安全问题，并提供相应的防护措施。本章的实践任务如下。

任务 1：学生考试成绩数据清洗。

任务 2：销售数据分析与安全处理。

学 习 目 标

☑ 理解数据操作的重要性和意义。

☑ 掌握数据清洗的工具和技术。

☑ 熟悉常用的数据分析技术和方法。

☑ 理解数据安全在数据操作和数据分析中的重要性。

☑ 掌握使用 Python 进行数据清洗与数据处理的实践任务。

素 养 目 标

本章的素养目标是在学习数据操作与安全的过程中，培养读者正确的政治立场和价值观，培养创新意识和实践能力，提升综合素养，以成为具有社会责任感和创新能力的现代化人才。具体目标如下。

- 政治立场意识：培养读者正确的政治立场，认识到数据操作对国家发展、社会进步和个人权益的重要性，增强爱国主义意识和法治意识。
- 价值观培养：引导读者树立正确的价值观，重视数据隐私保护、个人信息安全和数据伦理，弘扬社会主义核心价值观，倡导正确使用和处理数据的道德和伦理规范。
- 创新意识培养：鼓励读者在学习数据操作与安全的过程中培养创新意识和实践能力，促进科技创新和信息化发展，为社会经济发展和科技进步作出贡献。
- 综合素养提升：通过学习数据操作与安全的方法和技术，提升读者的综合素养，包括数据分析能力、问题解决能力、协作能力和创新能力，以应对现代社会的挑战和需求。

3.1 Python 的数据操作与安全概述

3.1.1 数据操作的重要性和意义

数据操作是指对数据进行处理、转换和管理的过程，是数据分析和应用的基础。在现代社会中，数据量呈爆炸式增长，涵盖了各个领域和行业。有效地进行数据操作具有以下重要性和意义。

- 确保数据的准确性和可靠性：通过数据操作，可以确保数据的准确性、完整性和一致性。数据作为决策制定和业务流程的基础，准确和可靠的数据是进行正确分析和判断的先决条件。
- 提升数据的可用性和可访问性：数据操作可以将数据进行标准化、整理和优化，使其更易于存储、检索和共享。这有助于提高数据的可用性和可访问性，使数据能够被各个部门和利益相关方广泛应用。
- 支持数据分析和决策：数据操作为数据分析提供了清洗、整理和转换的过程，使数据适应分析需求。通过数据操作，可以提取有用的信息、揭示潜在的关联和趋势，为决策制定提供支持。
- 优化业务流程和提升效率：数据操作可以对数据进行加工和优化，以适应不同的业务需求和流程。通过自动化和优化数据处理过程，可以提高工作效率和生产力，优化业务流程。
- 提升数据的质量和价值：数据操作包括清洗、去重、校验等步骤，有助于提高数据的质量和价值。高质量的数据可以为企业和组织提供可靠的决策依据，推动业务增长，提升竞争优势。

数据操作对于数据分析、决策制定和业务流程优化至关重要。通过数据操作，可以确保数据的准确性和可靠性，提高数据的可用性和可访问性，支持数据分析和决策制定，优化业务流程和提升效率，并提升数据的质量和价值。因此，深入理解和应用数据操作的方法和技术，对于现代组织和企业来说具有重要的意义。

3.1.2　数据安全在数据操作中的重要性

数据安全在数据操作中扮演着关键的角色，尤其在当今信息时代，数据泄露和滥用的风险日益增加。以下是数据安全在数据操作中的重要性。

- 保护数据隐私：数据操作涉及处理敏感信息和个人身份数据，如客户信息、财务数据等。数据安全的关注点之一是保护数据隐私，防止未经授权的数据访问、使用或泄露。确保数据操作过程中的安全性，可以减少个人隐私受到威胁的风险。
- 防止数据篡改和损坏：数据操作可能涉及数据的修改、更新和存储。数据安全的另一个关注点是防止数据篡改和损坏。通过实施适当的安全控制和验证机制，可以确保数据在操作过程中的完整性和一致性。
- 遵守法律和合规要求：在数据操作过程中，组织和企业需要遵守相关的法律和合规要求，如数据保护法、隐私法规等。数据安全的关注点之一是确保数据操作符合法律和合规要求，以避免潜在的法律风险和罚款。
- 防止数据泄露和攻击：数据操作涉及数据的传输、存储和共享，这增加了数据泄露和网络攻击的风险。数据安全的重要性在于建立有效的安全措施和防御机制，以防止未经授权的数据访问、数据泄露和恶意攻击。
- 维护业务信任和声誉：数据操作的安全性直接关系到组织与企业的信誉和声誉。数据泄露和安全事件可能导致客户对其失去信任，对业务运营和品牌形象造成严重影响。因此，数据安全在数据操作中的重要性在于维护业务的信誉和良好的用户体验。

可以说数据安全在数据操作中至关重要。通过保护数据隐私、防止数据篡改和损坏、遵守法律和合规要求、防止数据泄露和攻击，以及维护业务信任和声誉，可以保护数据的安全性和可信度。因此，组织和企业应重视数据安全，在数据操作过程中采取适当的安全措施和管理实践，以保护数据的安全和隐私。

3.1.3　数据质量的考量

数据质量是指数据在其整个生命周期中的准确性、完整性、一致性和可信度。在数据操作过程中，数据质量的考量至关重要，因为低质量的数据可能导致错误的分析结果、误导性的决策及业务流程的延误。以下是数据质量的考量因素。

- 准确性：准确性是数据质量的核心考量因素，它是指数据与实际情况的一致程度。数据操作需要确保数据的准确性，避免错误、失误和偏差的出现。准确的数据能够提供可靠的基础，支持准确的分析和决策制定。

- 完整性：完整性是指数据包含了所需的所有信息，没有遗漏或缺失。在数据操作中，需要确保数据的完整性，防止数据丢失、遗漏或不完整的情况发生。完整的数据能够提供全面的信息，支持全面的分析和决策。

- 一致性：一致性是指数据在不同系统、不同时间点和不同环境下的一致性。数据操作需要确保数据在各个环节和系统之间的一致性，避免数据不一致和冲突的问题。一致的数据能够提供可靠的分析结果和决策依据。

- 可信度：可信度是指数据的可信程度和可靠性，即数据的来源、采集方法和处理过程是否可信。数据操作需要确保数据的可信度，防止数据被篡改、伪造或受到操纵。可信的数据能够增加分析和决策的信任度。

- 可用性：可用性是指在需要时能够及时获取和使用数据的能力。数据操作需要确保数据的可用性，使数据能够被及时获取、处理和分析。可用的数据能够支持及时的决策和业务流程。

为确保数据质量，在数据操作中应采取以下措施。

- 数据清洗：通过数据清洗技术和工具，处理缺失值、异常值、重复值和冗余值，提高数据的准确性和完整性。

- 数据校验：进行数据格式和类型的校验，确保数据符合预期的规范和要求。

- 数据整合：整合来自不同来源的数据，确保数据的一致性和准确性。

- 数据监控：建立数据质量监控机制，及时检测和纠正数据质量问题。

- 数据文档化：记录数据的元数据和数据质量信息，便于数据的使用和管理。

在实践中，数据质量在数据操作中是一个重要的考量因素。通过考量数据的准确性、完整性、一致性、可信度和可用性，可以确保数据操作的有效性和结果的可靠性。数据操作过程中的数据质量管理措施和技术应得到充分重视，以提高数据质量和数据驱动决策的准确性和效果。

3.2 数据清洗

数据清洗是数据处理的重要环节，旨在处理和修复数据中的各种问题，以提高数据的质量和准确性。数据清洗过程包括数据质量评估及针对不同问题的处理方法。

3.2.1 数据质量评估

数据质量评估是数据清洗的第一步，旨在发现数据中存在的问题和缺陷。以下是常见的数据质量评估问题和相应的处理方法。

1．缺失值处理

缺失值是指数据中缺少某个属性或值的情况。处理缺失值的方法包括删除缺失值所在的记录、进行插补或估算缺失值，以及使用默认值填充缺失值。在数据分析和建模过程中，处理缺失值是一个重要的任务，因为缺失值可能导致分析结果不准确或模型训练出现偏差。以下是处理缺失值的一些考虑因素和方法。

缺失值可能会影响数据分析的准确性和结果的可靠性。在进行统计分析、机器学习建模或决策制定时，需要处理缺失值以获得更准确的结果和可靠的结论。

缺失值的定义和识别：缺失值可以是空白值、NaN（Not a Number）、NA（Not Available）或其他占位符。缺失值可以通过检查数据的空值、特定标记或无效值进行识别。

缺失值的处理方法如下。

- 删除缺失值所在的记录：如果缺失值的数量较少且对整体分析影响不大，则可以选择删除含有缺失值的记录。这适用于缺失值不随机分布的情况。

- 插补或估算缺失值：对于缺失值较少的情况，可以通过插补或估算的方式填充缺失值。常见的插补方法包括均值、中位数、众数插补，以及回归模型、K 近邻算法等进行预测和填充。

- 使用默认值填充缺失值：对于某些特定属性，可以定义默认值来填充缺失值。例如，将缺失的性别属性填充为"Unknown"。

处理缺失值的具体方法取决于数据集的特点、缺失值的分布和缺失的原因。在进行缺失值处理时，可以使用 Python 中 pandas 库提供的函数和方法，例如：

- 使用 isnull()函数检测缺失值，并使用 dropna()函数删除含有缺失值的记录或使用 fillna()函数进行插补。

- 使用统计函数如 mean()、median()和 mode()计算缺失值所在列的均值、中位数和众数，并使用 fillna()函数进行插补。

在实际操作中，假设有一个销售数据集，其中包含顾客的年龄、性别和购买金额。在该数据集中，存在一些缺失值，如部分顾客的年龄信息缺失。我们可以选择删除缺失年龄的记录，或者根据其他相关属性如性别和购买金额进行插补。具体操作可以使用 dropna()函数删除缺失年龄的记录，或者使用 fillna()函数通过性别和购买金额的均值或中位数进行插补。

处理缺失值的方法应该根据具体情况选择，需要结合数据集的特点、数据分析的目的，以及缺失值的分布情况来决定最适合的处理策略。在处理缺失值时需要注意数据的偏差和结果的可靠性，以保证后续分析和决策的准确性。

2. 异常值处理

异常值是指与其他数据点明显不同或不符合预期模式的数据点。处理异常值的方法包括删除异常值所在的记录、替换为可接受的值，或者进行异常值检测和修正。

异常值的存在可能会对数据分析和建模产生负面影响，因此需要进行适当的处理。首先要确定异常值需要基于具体的领域知识、数据集的特征及异常值的定义。常用的方法如下。

- 统计方法：使用统计学方法如离群点检测、箱线图、Z-score 等来识别偏离正常分布的数据点。
- 领域知识：根据专业领域的知识和经验，对数据中可能出现的异常情况进行判断。
- 业务规则：基于业务规则和限制条件，对数据进行合理性检查。

异常值处理方法主要采用如下方法。

- 删除异常值所在的记录：如果异常值对整体分析结果影响较大，或者异常值的产生是数据收集或记录错误等非正常因素导致的，则可以选择删除异常值所在的记录。
- 替换为可接受的值：根据数据的分布和上下文，将异常值替换为合理的可接受值。例如，可以使用均值、中位数或众数来替换异常值。
- 异常值检测和修正：使用异常值检测算法（如离群点检测算法、聚类分析等）来检测异常值，并通过适当的修正方法进行处理。

在使用时注意确保处理异常值的方法符合数据的特点和分析的目的。不同类型的数据可能需要采用不同的处理策略。考虑异常值对分析结果的影响，在处理异常值时，需要权衡异常值的重要性和对分析结果的影响，避免过度处理或忽视潜在的、有价值的信息。理解异常值产生的原因，异常值的产生可能是由于数据采集错误、记录错误、自然波动或真实异常情况等，因此需要结合领域知识和背景信息来进行判断。

在实践操作中，假设有一个销售数据集，其中包含产品的价格信息。在该数据集中，存在一些异常值，如价格明显偏离正常范围。我们可以选择删除含有异常价格的记录，或者根据其他相关属性如产品类型、销售渠道等进行替换。具体操作可以使用条件筛选或替换函数来处理异常值。

在处理异常值时需要综合考虑数据的特征、领域知识和分析目的，选择合适的处理方法以保证数据分析的准确性和可靠性。

3. 重复值和冗余值处理

重复值是指数据集中存在完全相同的记录，而冗余值是指数据集中存在多余的信息或重复的属性。处理重复值和冗余值的方法包括删除重复记录、合并重复数据，以及去除冗余的信息或属性。

　　处理重复值和冗余值是数据清洗过程中重要的一步，可以提高数据集的整洁度和准确性。以下是处理重复值和冗余值的方法和相关实际操作示例。

　　（1）删除重复记录。通过检测和删除重复的记录，确保每条记录在数据集中仅出现一次。可以先使用 pandas 库中的 duplicated()函数来检测重复记录，再使用 drop_duplicates()函数来删除重复记录。示例代码如下：

```
#检测重复记录
duplicate_rows = df.duplicated()
#删除重复记录
df = df.drop_duplicates()
```

　　（2）合并重复数据。在某些情况下，重复值可能代表了不同属性的补充信息，可以通过合并重复数据来丰富数据集。例如，可以使用 pandas 库中的 groupby()函数和聚合函数来合并具有相同键、值的记录，并计算合并后的数据。示例代码如下：

```
#根据键值合并数据
merged_data = df.groupby('key').aggregate({'value': 'sum'})
```

　　（3）去除冗余的属性或信息。冗余值可能包括重复的属性或不必要的信息，可以通过去除冗余的属性或信息来简化数据集。根据实际需求和数据分析的目标，选择保留关键属性，并去除冗余属性。示例代码如下：

```
#去除冗余属性
df = df.drop(columns=['redundant_column'])
```

　　假设有一个客户数据集，其中包含客户的姓名、电话号码和地址。在该数据集中，可能存在重复的记录和冗余的信息。我们可以进行以下处理。

　　（1）删除重复记录。使用 duplicated()函数检测重复记录，并使用 drop_duplicates()函数删除重复记录。示例代码如下：

```
#检测重复记录
duplicate_rows = df.duplicated()
#删除重复记录
df = df.drop_duplicates()
```

　　（2）合并重复数据。如果有相同姓名但电话号码和地址不同的记录，则可以根据姓名合并记录，并保留电话号码和地址的多个值。示例代码如下：

```
#根据姓名合并记录
merged_data = df.groupby('姓名').aggregate({'电话号码': ', '.join, '地址': ', '.join})
```

　　（3）去除冗余属性。如果数据集中存在冗余属性，如包含了电话号码和手机号码两个属性，则可以根据需要去除其中一个属性。示例代码如下：

```
#去除冗余属性
df = df.drop(columns=['手机号码'])
```

通过处理重复值和冗余值，可以提高数据集的整洁度和准确性，减少数据冗余，并为后续的数据分析和建模提供更可靠的基础。

4. 数据格式和类型的校验与转换

数据格式和类型的问题可能导致在数据分析时出现错误或不准确的结果。校验与转换数据格式和类型的方法包括检查数据格式是否符合预期的模式、将数据类型转换为正确的类型，以及修正格式和类型不匹配的数据。

在数据清洗过程中，需要进行数据格式和类型的校验与转换，以确保数据的一致性和准确性。一般处理数据格式和类型的方法如下。

- 检查数据格式是否符合预期的模式：数据应该按照预期的模式进行存储和表示。例如，日期数据应该符合特定的日期格式，数值数据应该以数字形式存在，文本数据应该以字符串形式表示。通过检查数据格式，可以识别出不符合预期模式的数据，并进行相应的处理。
- 将数据类型转换为正确的类型：数据类型指定了数据的特定含义和操作规则。在数据分析中，需要确保数据以正确的类型进行处理。例如，将字符串型的数字转换为数值型、将日期字符串转换为日期类型等。通过将数据类型转换为正确的类型，可以避免在数据分析过程中出现错误或不准确的结果。
- 修正格式和类型不匹配的数据：在数据集中，可能存在格式和类型不匹配的数据，如字符串型的数据、含有非数字字符的数据等。对于这些数据，可以进行修正或剔除，以确保数据的一致性。修正方法包括去除非数字字符、使用默认值填充错误值或进行合适的插值。

假设有一个销售数据集，其中包含产品的价格信息。在该数据集中，价格被错误地存储为字符串型而不是数值型。为了进行正确的数据分析，需要将价格数据的数据类型转换为数值型。可以使用以下方法进行数据格式和类型的校验与转换。示例代码如下：

```
#检查数据格式是否符合预期的模式
#假设价格列名为'价格'
price_format = df['价格'].apply(lambda x: isinstance(x, str) and
x.isnumeric())
invalid_prices = df[~price_format]

#将数据类型转换为正确的类型
#假设价格列名为'价格'
df['价格'] = df['价格'].astype(float)

#修正格式和类型不匹配的数据
#假设价格列名为'价格'，默认值为 0
```

```
df['价格'] = pd.to_numeric(df['价格'], errors='coerce').fillna(0)
```

通过对数据格式和类型进行校验与转换，可以保证数据在分析过程中的准确性和一致性，避免格式和类型问题导致的错误分析结果。

3.2.2　数据清洗的工具和技术

在 Python 中，有许多强大的工具和技术可用于数据清洗。以下是一些常用的数据清洗的工具和技术。

- pandas 库：Python 中最常用的数据处理和分析库之一。它提供了丰富的函数和方法，可以方便地进行数据清洗操作，如处理缺失值、异常值、重复值、数据格式转换等。pandas 库中的 DataFrame 和 Series 对象使数据的操作和转换变得简单而高效。
- NumPy 库：Python 中用于数值计算的基础库。它提供了高效的数组操作和数值计算功能，可用于处理和转换大量的数据。NumPy 库中的函数和方法可以用于处理缺失值、异常值等数据清洗任务。
- scikit-learn 库：Python 中常用的机器学习库，它也提供了一些用于数据清洗的工具和技术。例如，可以使用 scikit-learn 库中的异常值检测算法来识别和处理异常值。
- Regular Expression（正则表达式）：一种用于匹配和处理文本模式的工具。它可以从字符串中提取特定的模式、替换字符串、验证数据格式等。在数据清洗中，正则表达式常用于处理数据格式不规范的情况。
- OpenRefine：一个开源的数据清洗工具，它提供了可视化的界面和强大的数据转换功能。OpenRefine 可以帮助用户进行数据清洗任务，如处理缺失值、重复值、数据格式转换等。
- Python 内置的函数和方法：Python 本身提供了一些内置的函数和方法，可用于处理数据清洗任务。例如，可以使用 Python 的字符串处理函数和列表操作方法来处理文本数据和列表数据。

根据具体的数据清洗任务和需求，选择合适的工具和技术进行数据清洗操作。以上列举的工具和技术是常用且强大的，可以帮助简化和加速数据清洗过程。

pandas 是一个功能强大的 Python 库，专门用于数据处理和分析。它提供了丰富的函数和方法，使得数据清洗变得简单而高效。下面介绍一些 pandas 库中常用的函数和方法，如表 3.1 所示。

表 3.1　pandas 库中常用的函数和方法

功能	函数/方法	说明
读取数据	read_csv()、read_excel()、read_sql()	从不同数据源中读取数据到DataFrame对象中
缺失值处理	isnull()、fillna()、dropna()	检测、填充或删除数据中的缺失值

续表

功能	函数/方法	说明
异常值处理	统计方法、布尔索引等	使用统计方法和条件筛选等技术处理异常值
重复值和冗余值处理	duplicated()、drop_duplicates()、drop()	检测、删除重复值，并去除冗余的列或信息
数据格式和类型的校验与转换	dtype()、astype()	校验与转换数据的格式和类型
数据合并和重塑	merge()、concat()、pivot_table()	合并、连接和重塑多个数据集
数据排序和索引重置	sort_values()、reset_index()	对数据进行排序和重置索引

表 3.1 中列举了 pandas 库中常用的函数和方法，用于不同方面的数据清洗任务。根据具体的需求，可以选择适当的函数和方法进行数据清洗操作。

数据清洗是一个多样化的任务，需要使用不同的技术和函数来处理不同的数据问题。以下是一些常用的数据清洗技术和函数。

（1）字符串处理：当处理包含文本数据的列时，常用的字符串处理函数包括 str.lower()（将字符串转换为小写）、str.upper()（将字符串转换为大写）、str.strip()（去除字符串两端的空格）、str.replace()（替换字符串中的某个部分）等。这些函数可以用于去除不需要的字符、标准化字符串格式等。

（2）正则表达式：一种强大的模式匹配工具，可以用于处理字符串中的特定模式。使用正则表达式函数（如 re.match()、re.search()、re.findall()等），可以从字符串中提取特定模式的数据，或者进行替换、验证等操作。

（3）数据转换：数据转换是将数据从一种形式转换为另一种形式的过程。pandas 库提供了许多用于数据转换的函数，如 astype()（转换数据类型）、apply()（应用函数到每个元素中）、map()（根据映射关系转换值）等。这些函数可以用于将数据转换为特定的形式，或者对数据进行标准化和归一化处理。

（4）数据透视表：一种用于数据聚合和分析的技术。pandas 库提供了 pivot_table()函数，该函数可以根据指定的列将数据进行汇总和重塑。通过数据透视表，可以对数据进行多维度的分组和聚合，便于进行更深入的数据分析。

（5）缺失值处理：缺失值是数据清洗中常见的问题之一。除了使用前文提到的 pandas 库的函数（如 isnull()、fillna()、dropna()），还可以使用插补方法（如均值插补、中位数插补、回归插补等）来处理缺失值，根据数据的特点和领域知识来选择合适的插补方法。

（6）异常值处理：异常值是指与其他数据点明显不同或不符合预期模式的数据点。常用的异常值处理技术包括基于统计方法的离群点检测、箱线图方法、Z-score 方法等。根据具体情况，可以选择适当的异常值处理方法，如删除异常值、替换为可接受的值或进行异常值修正。

（7）数据重塑和合并：当处理多个数据集时，可能需要对数据进行重塑和合并。pandas库提供了函数（如 merge()、concat()、join()等）来实现数据集的合并和连接操作。这些函数可以根据指定的键或索引将多个数据集进行合并、连接或拼接，生成新的数据集。

3.3　数据分析

3.3.1　数据分析的基础知识

数据分析是指对收集到的数据进行处理、转换和解释，以提取有用的信息、发现模式和趋势，从而支持决策和解决问题的过程。数据分析的目标通常包括理解数据、发现关联关系、预测未来趋势、发现异常和优化决策等。

数据分析通常包括以下几个步骤。

- 数据收集：获取需要分析的数据，可以是结构化数据（如数据库）或非结构化数据（如文本、图像）。
- 数据清洗：对数据进行清洗和预处理，包括处理缺失值、异常值、重复值和冗余值等。
- 数据探索：通过统计分析、可视化和数据挖掘等方法，探索数据的特征、分布、关联性和趋势。
- 模型构建：根据分析目标选择合适的模型或算法，构建预测模型或分类模型等。
- 模型评估：评估模型的性能和准确度，选择合适的评估指标进行模型评估。
- 结果解释和报告：对分析结果进行解释和总结，并生成可视化图表或报告，向相关人员进行展示和分享。

数据分析的结果通常以可视化的图表或报告形式呈现。当涉及数据分析时，数据可视化和报告起着非常重要的作用，它们能够将复杂的数据转换为直观、易理解的形式，帮助分析师和决策者更好地理解数据、发现规律和趋势。下面将详细介绍数据可视化和报告的重要内容和操作方法。

（1）数据可视化是数据分析中非常重要的一环，通过可视化图表和图形可以将数据转换为直观、易理解的形式。以下是一些重要的数据可视化内容和操作方法。

- 图表类型选择：根据数据的特性和分析目标选择合适的图表类型，如柱状图、折线图、散点图、饼图等。不同的图表类型适用于不同类型的数据和分析任务。
- 数据映射：将数据映射到图表的不同维度，如 X 轴、Y 轴、颜色、大小等，以展示数据之间的关系和变化。
- 标签和标题：为图表添加标签、标题和图例，使图表更加清晰明了，并帮助读者理解图表的含义。

- 交互式功能：利用交互式功能，如缩放、滚动、筛选等，使用户能够自定义查看和探索数据，提高数据可视化的灵活性和交互性。
- 配色方案：选择合适的配色方案，使图表具有良好的视觉效果，并确保不同类别或变量在图表中的区分度。

（2）报告是将分析结果和结论以书面形式进行总结和沟通的方式，包括分析方法、数据解释、发现的问题和建议等。以下是一些重要的报告内容和操作方法。

- 摘要和简介：在报告开头提供关键的摘要和简介，介绍报告的目的、数据来源、分析方法和主要结论，以便读者快速了解报告的内容。
- 数据解释和分析方法：解释所使用的数据集和数据处理方法，描述数据的特征和分布，以及所采用的分析方法和模型。
- 发现的问题和趋势：详细描述通过数据分析发现的问题、趋势和关联关系，在图表和图形的支持下得出结论，确保结论的可信度和可靠性。
- 建议和行动计划：根据分析结果提出具体的建议和行动计划，以解决发现的问题，或者利用发现的趋势，帮助决策者做出明智的决策。
- 图表和图形：在报告中插入图表、图形和可视化结果，以支持所述的分析和结论，使报告更具说服力和可视化效果。
- 结论和总结：在报告的结尾进行全面的总结，强调重要的发现和结论，并提供进一步研究或改进的建议。

数据可视化和报告的操作方法通常会依赖于具体的工具和软件，如 Python 中的 Matplotlib、Seaborn、Plotly 等数据可视化库，以及 Microsoft PowerPoint、Microsoft Word 等报告撰写工具。熟悉这些库和工具的使用方法，结合数据分析的结果和结论，能够制作出具有影响力的数据可视化图表和报告，从而有效地传达分析结果、支持决策过程。

3.3.2　常用的数据分析技术和方法

1. 描述性统计和数据探索

描述性统计和数据探索是数据分析中常用的技术和方法，它们能够帮助用户理解数据的基本特征、探索数据之间的关系，并提供对数据的初步认识。下面将介绍描述性统计和数据探索的原理、理论、应用及相关示例。

描述性统计是对数据进行总结、概括和描述的统计分析方法。它能够通过计算和描述数据的中心趋势、离散程度和分布形态等指标，提供关于数据集的基本信息。以下是描述性统计的常用指标。

- 中心趋势：包括均值、中位数和众数，用于衡量数据的集中程度。
- 离散程度：包括标准差、方差和范围，用于衡量数据的离散程度。

● 分布形态：包括偏度和峰度，用于描述数据的分布形态和对称性。

描述性统计的原理基于概率论和统计学理论，通过计算和分析数据的统计特征，揭示数据的基本性质和特点，为后续的数据分析提供基础。

描述性统计广泛应用于数据分析和决策过程中，以下是一些常见的应用场景。

● 数据摘要：通过计算数据的均值、中位数、标准差等指标，对数据集进行概括和总结，提供对数据的整体认识。

● 数据比较：通过对比不同组或不同时间点的数据指标，识别差异和趋势，以支持决策和优化。

● 数据分布分析：通过计算偏度和峰度等指标，了解数据的分布形态和对称性，帮助判断数据的特性和适用的分析方法。

数据探索通过可视化和统计方法来发现数据集中的模式、关联和异常，从而提供对数据的深入理解。数据探索主要基于以下原理和理论。

● 探索性数据分析（EDA）：一种基于统计和可视化方法的数据分析方法，旨在通过探索数据的分布、关系和异常等特征，提供数据洞察力和发现潜在模式。

● 数据可视化：通过绘制图表、图形和可视化工具，将数据转换为可视形式，帮助发现数据的规律、趋势和异常。

● 统计推断：通过统计方法对样本数据进行推断，从而推测总体数据的特征和性质。

数据探索常用于以下数据分析任务。

● 发现关联：通过相关性分析、散点图、热力图等方法，探索数据集中变量之间的关联和相关性。

● 发现模式：通过数据聚类、关联规则挖掘等方法，发现数据中的模式和规律，为业务决策提供支持。

● 异常检测：通过离群值分析、箱线图、异常模型等方法，识别和处理数据中的异常值与异常情况。

在实践中，假设有一份销售数据集，包含产品销售额、销售数量和销售时间等信息。我们可以使用描述性统计方法计算销售额的均值、中位数和标准差，以了解销售额的集中趋势和离散程度。同时，可以使用数据探索方法绘制销售额和销售数量的散点图，探索二者之间的关系，并利用箱线图检测销售额中的异常值。通过这些分析，我们可以对销售数据有更深入的了解，并为后续的决策提供支持。

可以说，描述性统计和数据探索是数据分析的基础步骤，通过计算和分析数据的统计特征、探索数据的模式和关联，能够对数据进行全面的理解和分析。在实际应用中，可以结合适当的工具和技术，如 Python 中的 NumPy、pandas 和 Matplotlib 库，进行描述性统计和数据探索的操作，并通过图表和图形将分析结果可视化展示，以便更好地理解数据、支持决策过程。

2. 数据挖掘和机器学习

数据挖掘是从大规模数据集中自动发现有价值的信息和模式的过程。它涉及统计学、机器学习和数据库技术等方法，以挖掘数据中的隐藏模式、关联关系和趋势。数据挖掘的主要步骤包括数据预处理、特征选择、模型构建和模型评估。以下是数据挖掘的重要内容。

- 分类和预测：通过构建分类器和预测模型，将数据分为不同的类别或预测未来的趋势。常用的算法包括决策树、逻辑回归、支持向量机等。
- 聚类分析：通过将数据分组为具有相似特征的簇，揭示数据的内在结构和群组。常用的算法包括 K 均值聚类、层次聚类等。
- 关联规则挖掘：发现数据中的关联规则和频繁项集，以揭示不同项之间的相关性和依赖关系。常用的算法包括 Apriori 算法、FP-growth 算法等。

机器学习是研究如何使计算机具备学习能力的领域。它通过训练模型和算法，使计算机能够自动学习和改进，并根据经验数据进行预测和决策。机器学习的主要步骤包括数据准备、特征工程、模型选择和评估。以下是机器学习的重要内容。

- 监督学习：利用已标记的数据集进行训练，构建模型来预测新数据的标签或值。常用的算法包括线性回归、逻辑回归、决策树、随机森林等。
- 无监督学习：利用未标记的数据集进行训练，发现数据中的模式和结构。常用的算法包括聚类分析、关联规则挖掘、降维等。
- 强化学习：在与环境交互的过程中，通过尝试和错误来学习最优的行动策略。常用的算法包括 Q-learning、Deep Q-Network 等。

数据挖掘和机器学习在许多领域中都有广泛的应用，如金融学、医疗、电子商务等。通过应用适当的算法和技术，可以从大量数据中发现有价值的信息，并帮助做出准确的预测和决策。

3. 时间序列分析

时间序列分析是一种用于处理按时间顺序排列的数据的统计方法。它主要关注数据随时间的变化模式、趋势和周期性，并通过建立数学模型来预测未来的数据趋势。时间序列分析在许多领域中都有广泛的应用，如经济学、金融学、气象学等。下面将详细介绍时间序列分析的步骤、方法和模型。时间序列数据具有以下几个重要特点。

- 时序依赖性：时间序列数据中的观测值之间存在时序上的相关性，当前观测值可能受过去观测值的影响。
- 趋势性：时间序列数据通常具有明显的趋势，可以是上升、下降或波动的趋势。

- 季节性：某些时间序列数据会呈现出明显的季节性模式，即周期性地重复出现。
- 噪声：时间序列数据中常常包含噪声，即不规律的波动和随机扰动。

时间序列分析一般包括以下几个步骤。

（1）数据可视化：对时间序列数据进行图表展示，包括折线图、柱状图、散点图等，以观察数据的趋势、季节性和噪声情况。

（2）平稳性检验：检验时间序列数据是否平稳，即均值、方差和自相关函数是否与时间无关。常用的方法包括单位根检验、ADF 检验等。

（3）分解：将时间序列数据分解为趋势、季节性和残差 3 个部分，以更好地理解数据的组成结构。

（4）模型拟合：根据数据的特点选择适当的时间序列模型，如 ARIMA 模型、指数平滑模型等，并通过参数估计来拟合模型。

（5）模型诊断：对拟合的模型进行诊断，检查模型的残差是否符合假设，是否存在自相关或异方差等问题。

（6）预测：利用拟合好的模型对未来数据进行预测，包括点预测和区间预测。

常用的时间序列分析方法和模型如下。

- ARIMA 模型：自回归滑动平均模型，是一种广泛应用于时间序列预测的模型，用于处理平稳时间序列数据。
- 季节性模型：用于处理具有明显季节性的时间序列数据，包括季节性 ARIMA 模型（SARIMA）、季节性指数平滑模型等。
- GARCH 模型：广义自回归条件异方差模型，用于处理时间序列中存在的异方差（波动性）情况，常用于金融领域。
- 非线性模型：用于处理非线性趋势和周期性的时间序列数据，如非线性平滑模型、神经网络模型等。

4．关联规则分析和聚类分析

关联规则分析用于寻找数据中的频繁项集和关联规则，以揭示数据项之间的关联关系。关联规则通常以"如果……那么……"的形式表示。例如，如果客户购买了商品 A，那么他们很可能也会购买商品 B。关联规则分析可以帮助企业了解客户的购买习惯、推荐相关商品、进行市场篮子分析等。关联规则分析的步骤如下。

（1）数据预处理：对原始数据进行清洗、转换和标准化，确保数据的质量和格式符合关联规则分析的要求。

（2）频繁项集挖掘：使用 Apriori 算法或 FP-Growth 算法等，找出数据中的频繁项集，即经常一起出现的数据项组合。

（3）关联规则生成：根据频繁项集，生成满足最小支持度和最小置信度阈值的关联规则。

（4）关联规则评估：评估生成的关联规则的质量和可靠性，常用评估指标包括支持度、置信度、提升度等。

（5）关联规则解释和应用：根据生成的关联规则，进行数据解释和相关应用，如商品推荐、市场篮子分析、交叉销售策略等。

常用的关联规则分析算法和模型如下。

- Apriori 算法：基于频繁项集的挖掘算法，通过逐层搜索找出频繁项集。
- FP-Growth 算法：一种更高效的频繁项集挖掘算法，使用 FP 树结构存储数据。
- 关联规则评估指标：支持度、置信度、提升度等。

关联规则分析在许多领域中都有广泛的应用，在零售业中帮助商家进行交叉销售、商品推荐和库存管理；在电子商务行业中提供个性化的商品推荐和购物篮分析；在销售策略中实施优惠活动、促销策略和定价策略；在电信业中可以分析用户的通信模式和服务使用情况，提供个性化的推荐和服务定制；在医疗保健行业中研究疾病与治疗方法之间的关联关系，辅助医疗决策。

聚类分析是一种无监督学习的数据分析方法，旨在将数据集中的样本划分为相似的簇（群组），使得同一簇内的样本相似度较高，而不同簇之间的样本相似度较低。聚类分析可以帮助发现数据中的潜在模式、群组结构和异常样本，用于市场细分、用户分群、异常检测等任务。聚类分析的步骤如下。

（1）数据预处理：对原始数据进行清洗、转换和标准化，确保数据的质量和格式适合聚类分析。

（2）选择聚类算法：根据数据的特点和任务需求，选择适合的聚类算法，如 K 均值聚类、层次聚类、DBSCAN 等。

（3）设定聚类数目：根据业务需求或使用者的先验知识，设定聚类的数目。

（4）执行聚类算法：使用适合的聚类算法对数据进行聚类，将样本划分为不同的簇。

（5）聚类结果评估：评估聚类结果的质量和合理性，常用评估指标包括簇内相似度和簇间差异度等。

（6）聚类结果解释和应用：根据聚类结果进行数据解释和相关应用，如市场细分、用户画像、异常检测等。

常用的聚类算法和模型如下。

- K 均值聚类：将数据样本划分为 K 个簇，使得同一簇内的样本与簇中心的距离最小化。
- 层次聚类：基于样本之间的相似性或距离，将样本逐步合并为不同层次的簇。
- DBSCAN：基于密度的聚类算法，根据样本周围的密度来划分簇。

聚类分析在多个领域中有广泛的应用，以下是一些常见的应用场景。在市场细分中将客户划分为不同的细分市场，以便制定营销策略和产品推广。在用户分群中根据用户的行为和特征将其划分为不同的群组，用于个性化推荐和服务定制。在异常检测中识别异常样本或群组，发现数据中的异常情况和潜在问题。在图像分割中将图像中的像素划分为不同的区域或物体，用于图像处理和计算机视觉任务。例如，有一份客户数据，包括客户的年龄、收入和购买行为等信息。我们想要将顾客进行分群，以便进行精细化的市场营销。首先，需要对数据进行预处理，包括数据清洗、转换和标准化。其次，选择 K 均值聚类算法，并设定聚类数目为 3。再次，执行 K 均值聚类算法，将客户分为 3 个簇。最后，评估聚类结果的质量，如评估簇内的样本相似度和簇间的差异度。根据聚类结果，我们可以将客户划分为不同的细分市场，针对不同细分市场制定营销策略和推广活动。

3.4　数据安全与数据质量

3.4.1　数据安全

1. 数据隐私保护

在当今数字化时代，数据隐私保护成为一个极其重要的议题。随着大量个人数据的收集和使用，保护用户的个人隐私信息已成为组织和个人面临的重要挑战。数据隐私保护的目标是确保个人数据的机密性、完整性和可用性，防止未经授权的访问、使用和泄露。为了保护数据隐私，以下是一些常见的安全措施和技术。

- 数据加密：数据加密是一种常用的数据隐私保护技术。它使用加密算法将敏感数据转换为密文，只有具有解密密钥的授权用户才能解密和访问原始数据。加密可以应用于数据的传输过程和存储过程，以确保数据在传输过程和存储过程中的安全性。
- 访问控制和身份验证：访问控制是通过授权机制限制对数据的访问。只有经过授权的用户才能访问特定的数据。身份验证是确认用户身份的过程，通常需要提供用户名和密码等凭证进行验证。使用强密码策略和多因素身份验证可以增强数据的访问安全性。
- 数据脱敏：数据脱敏是一种保护个人隐私的技术，通过对敏感信息进行模糊化或替换，使其无法直接关联到具体的人。常见的数据脱敏技术包括匿名化、泛化、删除和替换等。
- 数据备份和恢复：定期进行数据备份是防止数据丢失和泄露的重要措施。数据备份应该采用安全的存储介质，并且进行加密和访问控制，以防止备份数据被未经授权地访问。同时，制定恢复策略和测试数据恢复的过程可以保证在数据泄露或灾难事件发生时能够及时恢复数据并保护隐私。

- 数据合规性和法律要求：根据所在地区的法律和监管要求，组织需要确保其数据处理和隐私保护的合规性。例如，欧盟《通用数据保护条例》（GDPR）对用户的数据处理提出了严格的要求，包括用户同意、数据访问和删除权等。
- 培训和意识提升：组织应该进行员工培训，提高员工对数据隐私保护的意识和对数据隐私保护重要性的认识。教育员工应该如何处理和保护敏感数据，遵守内部数据隐私保护政策和最佳实践。

数据隐私保护是确保组织和个人数据安全和保密的关键环节。通过加密、访问控制、数据脱敏和确保合规性等措施，组织和个人可以有效地保护数据隐私，防止未经授权地访问和泄露敏感信息。这些措施的实施需要综合考虑法律、技术和组织层面的要求，并不断进行评估和改进，以适应不断演变的数据隐私挑战。

2．敏感信息脱敏

敏感信息脱敏是一种常用的数据安全措施，用于保护敏感信息在使用和共享过程中的安全性。脱敏是指对敏感信息进行处理，使其无法直接或间接地关联到特定个人或实体。通过脱敏，可以保护个人隐私并降低数据泄露的风险。以下是一些常见的敏感信息脱敏技术。

- 匿名化：匿名化是一种脱敏技术，通过将个人标识信息（如姓名、身份证号码）替换为匿名化的标识符或代码，从而消除数据和个人身份的关联性。匿名化的目标是使得无法通过脱敏后的数据来识别个人身份。
- 泛化：泛化是一种脱敏技术，通过对敏感数据进行模糊化处理，减少个体的唯一性和特殊性。例如，将年龄精确到具体的天数变为按年龄段进行泛化，即将具体年龄替换为年龄范围。
- 删除：删除是一种脱敏技术，直接移除或删除数据中的敏感信息，使其无法再被访问。这种技术适用于那些不需要敏感信息进行后续分析和处理的情况。
- 替换：替换是一种脱敏技术，将敏感信息替换为具有相同格式但不包含敏感信息的伪造数据。例如，用随机生成的数字替换信用卡号码中的真实数字。
- 脱敏算法：脱敏算法是一种使用特定算法对敏感信息进行处理的方法。常见的脱敏算法包括哈希函数、加密算法和置换算法。这些算法可以确保脱敏后的信息无法被还原，同时保持数据的可用性和一致性。

在实践中，选择何种脱敏技术取决于数据的具体要求和安全性需求。通常，敏感信息脱敏需要根据相关法规、合规要求及组织的数据处理政策进行操作。然而，需要注意的是，敏感信息脱敏并不意味着数据的完全安全。在进行敏感信息脱敏时，应该综合考虑数据的匿名化程度、数据的可用性及数据使用的目的。同时，需要密切关注技术的发展和安全漏洞的变化，及时更新和调整脱敏策略，以确保数据的安全性和隐私保护。

3．数据匿名化和去标识化

数据匿名化和去标识化是保护数据隐私的重要手段，用于在处理和发布数据时消除个人身份和敏感信息的关联性。两者的目标都是防止通过数据分析和关联推断来识别个人。数据匿名化是指将个人身份信息转换为匿名的、不可识别的形式，使数据不再与特定个人相关联。匿名化通常采用一系列技术，如加密、脱敏和扰动等。加密技术可以使用密码学算法对数据进行加密，以确保只有授权用户能够解密并还原数据。脱敏技术则是将个人身份信息转换为一般化或模糊化的形式，如将姓名替换为编号或用星号遮盖部分信息。扰动技术通过在数据中引入噪声或误差，使得原始数据无法被还原。

数据去标识化是指从数据中移除或修改可以直接或间接识别个人身份的属性或特征，以保护个人隐私。去标识化技术可以删除或修改个人身份信息，如删除姓名、身份证号码等可以直接识别个人身份的属性。此外，还可以删除或修改间接识别个人身份的属性，如删除具体的地理位置信息或修改年龄等。在应用数据匿名化和去标识化时，需要考虑以下因素。

- 数据安全：在匿名化和去标识化的过程中，需要确保数据的安全性，防止未经授权的访问和泄露。采取适当的安全措施，如加密、访问控制和身份验证，以保护数据的机密性和完整性。
- 数据质量：匿名化和去标识化可能会影响数据的质量和可用性。需要评估匿名化和去标识化技术对数据的影响，并确保脱敏后的数据仍具有足够高的质量和可用性，以支持后续的分析和应用。
- 法律和规定：在进行数据匿名化和去标识化时，需要遵守适用的法律、法规和隐私保护政策。确保匿名化和去标识化处理符合相关法律要求，并妥善处理敏感信息，保护个人隐私。

例如，一个电子商务公司需要共享一些交易数据给研究机构进行分析，但为了保护客户的隐私，需要对数据进行匿名化和去标识化处理。公司使用加密算法对客户的姓名和联系方式进行加密，并删除与客户身份相关的信息。同时，对交易金额进行一定程度的扰动，以保护数据的隐私和安全。经过匿名化和去标识化处理后的数据仍然能够提供有价值的信息供研究机构使用，同时保护了客户的隐私。

4．数据泄露防护

数据泄露是指未经授权地披露或公开敏感数据的情况，可能导致个人隐私被泄露、身份盗用、财务损失等问题。在数据操作和存储过程中，需要采取相应的防护措施来防止数据泄露。

以下是一些常见的数据泄露防护措施。

- 访问控制：确保只有经过授权的用户才能访问和处理敏感数据。这可以通过实施身份验证、授权机制和权限管理来实现。只有合法的用户才能获得访问权限，从而减少未授权的访问和数据泄露的风险。

- 数据加密：采用加密技术对敏感数据进行加密，确保即使数据被窃取，也无法轻易解密和获取其中的内容。常见的加密方式包括对称加密和非对称加密，可以根据需求选择适当的加密算法和密钥管理策略。

- 安全存储：合理选择安全存储介质和设备，确保数据在存储和传输过程中的安全性，这包括使用加密存储介质、实施安全协议和加密传输等。

- 审计和监控：建立日志记录和监控系统，对数据操作和访问进行实时审计和监控。及时发现异常活动和未授权的数据访问，并采取相应的应对措施。

- 员工教育和培训：向员工提供关于数据安全和隐私保护的培训，加强员工对数据泄露风险的认识，并教育员工遵守安全策略和最佳实践。

- 定期演练和安全测试：定期进行数据泄露风险演练和安全测试，评估系统和流程的安全性，并及时修复发现的安全漏洞。

3.4.2　数据质量

数据质量是指数据的完整性、准确性、一致性、可靠性、可用性和可重复性。在数据操作和分析的过程中，确保数据具备良好的质量非常重要，以提供可靠的分析结果和决策支持。

1．数据完整性和准确性

数据完整性是指数据集中是否包含了所有需要的数据项，并且没有遗漏。数据准确性是指数据的准确性和正确性程度。确保数据的完整性和准确性是保证数据质量的基础。确保数据完整性和准确性的方法如下。

- 数据采集和录入过程中的验证与校验：在数据采集和录入的过程中，对数据进行验证与校验，确保数据的完整性和准确性。例如，使用输入验证规则、范围检查和逻辑校验等方法。

- 数据清洗和处理：在数据清洗阶段中，对数据进行清理、筛选和转换，排除不完整或不准确的数据。使用合适的清洗技术和函数，如去除缺失值、处理异常值、修复错误数据等。

- 数据质量评估和监控：建立数据质量评估和监控机制，定期对数据进行评估，发现和纠正数据质量问题。使用数据质量指标和度量方法，如数据完整性比例、数据准确性误差率等。

2．数据一致性和可靠性

数据一致性是指数据在不同数据源、不同时间点和不同维度上的一致性。数据可靠性是指数据的可信度和可靠程度。保证数据的一致性和可靠性可以提高数据分析的准确性和可信度。确保数据一致性和可靠性的方法如下。

- 数据集成和整合：对来自不同数据源的数据进行集成和整合，确保数据在不同维度上的一致性。使用数据集成工具和技术，如 ETL（提取、转换和加载）过程。
- 数据验证和核对：对数据进行验证和核对，确保数据的一致性和准确性。比较和匹配不同数据源的数据，发现和解决数据不一致的问题。
- 数据备份和恢复：建立数据备份和恢复机制，确保数据的可靠性和可恢复性。定期备份数据，防止数据丢失或损坏。

3．数据可用性和可重复性

数据可用性是指数据的可访问性和可使用性。数据可重复性是指能够在不同环境和条件下重现相同的数据结果。确保数据的可用性和可重复性可以提高数据的可操作性和可信度。确保数据可用性和可重复性的方法如下。

- 数据存储和管理：选择合适的数据存储和管理系统，确保数据的安全存储和高效访问。使用数据库管理系统（DBMS）或数据湖等技术。
- 数据文档和元数据管理：建立数据文档和元数据管理机制，记录和管理数据的描述信息、结构、来源和用途等。使其他用户能够理解和使用数据。
- 数据重现和复现：记录数据分析过程和步骤，使其他人能够重现相同的数据分析结果。使用版本控制工具和技术，确保数据分析的可重复性。

4．数据质量评估和监控

数据质量评估和监控是持续改进数据质量的重要手段。通过定期评估和监控数据质量，及时发现和纠正数据质量问题，提高数据的质量和可信度。确保数据质量评估和监控的方法如下。

- 数据质量指标和度量：定义和使用数据质量指标和度量，对数据质量进行评估。常见的数据质量指标包括数据完整性比例、数据准确性误差率、数据一致性比较等。
- 数据质量工具和平台：使用数据质量工具和平台，自动化进行数据质量评估和监控。这些工具可以帮助识别和解决数据质量问题，提高数据的质量。
- 数据质量策略和流程：建立数据质量策略和流程，明确数据质量的要求和标准。制定数据质量检查的流程和步骤，确保数据质量的持续改进。

实践任务：数据清洗与数据处理实践

任务 1：学生考试成绩数据清洗

【需求分析】

假设你获得了一份学生考试成绩的数据集，但数据集中存在缺失值、异常值、重复值和冗余值。你的任务是使用 Python 进行数据清洗，以确保数据的完整性、准确性和一致性。

数据集示例如表 3.2 所示。

表 3.2 数据集示例

学生 ID	姓名	数学成绩/分	英语成绩/分	物理成绩/分
1	Alice	90	85	92
2	Bob	78		88
3	Charlie	65	70	75
4	David	82	92	78
5	Alice	75	68	85
6	Eve		90	86

【实现思路】

数据清洗的实践任务步骤如下。

- 读取数据集并创建 DataFrame 对象。
- 进行缺失值处理、异常值处理、重复值和冗余值处理、数据格式和类型的校验与转换。
- 将清洗后的数据保存为新的数据文件或覆盖原始数据文件。

【任务分解】

1）读取数据

调用 pandas 库的文本数据读取方法，读取数据集中的内容并创建 DataFrame 对象。

2）处理缺失值

- 使用 fillna()函数将缺失的成绩数据填充为 0 或平均值。
- 根据唯一标识符，将重复的学生记录进行合并。

3）处理异常值

- 使用统计方法（如均值、标准差）检测数值型数据中的异常值，并进行替换或删除。
- 对于成绩数据，可以根据合理范围（如 0～100）进行异常值检测。

4）处理重复值和冗余值

- 使用 duplicated()函数检测重复的学生记录，并使用 drop_duplicates()函数删除重复值。
- 根据需要，删除或修正冗余的列或信息。

5）数据格式和类型的校验与转换

- 使用 isnull()函数检查缺失值。
- 使用 astype()函数将成绩数据的数据类型转换为正确的类型。

【参考代码】

可以使用 pandas 库和 Python 中的一些函数和方法来完成数据清洗任务。参考代码如下：

```
import pandas as pd
#读取数据集
df = pd.read_csv('exam_scores.csv')
#处理缺失值
df.fillna(0, inplace=True)  #将缺失值填充为 0
#处理重复值
df.drop_duplicates(inplace=True)  #删除重复的学生记录
#处理异常值
score_columns = ['数学成绩', '英语成绩', '物理成绩']
for column in score_columns:
    mean = df[column].mean()
    std = df[column].std()
    lower_bound = mean - 3 * std
    upper_bound = mean + 3 * std
    df[column] = df[column].apply(lambda x: x if lower_bound <= x <=
upper_bound else mean)
#处理冗余值
df = df.drop(columns=['学生 ID'])  #删除冗余的学生 ID 列
#数据格式和类型的校验与转换
df[['数学成绩', '英语成绩', '物理成绩']] = df[['数学成绩', '英语成绩', '物理成绩
']].astype(float)
#保存清洗后的数据集
df.to_csv('cleaned_exam_scores.csv', index=False)
```

上述参考代码使用 pandas 库读取学生考试成绩的数据集，并按照指定的步骤进行数据清洗。首先，使用 fillna()函数将缺失值填充为 0，使用 drop_duplicates()函数删除重复的学生记录。接下来，对于每个成绩列，计算均值和标准差，并使用异常值检测条件将超出范围的值替换为均值。然后，删除冗余的学生 ID 列。最后，使用 astype()函数将成绩数据的数据类型转换为浮点型，并使用 to_csv()函数将清洗后的数据集保存为新的文件。

任务 2：销售数据分析与安全处理

【需求分析】

有一家电子产品零售店希望对销售数据进行分析，以便了解销售趋势、产品表现和顾客行为。同时，为了保护顾客隐私和数据安全，需要对数据进行适当的清洗和安全处理。

【实现思路】

- 数据清洗：对销售数据进行清洗，包括处理缺失值、异常值、重复值和冗余值，以及数据格式和类型的校验与转换。
- 数据分析：基于清洗后的数据，进行各种分析，包括描述性统计、数据探索、时间序列分析、关联规则挖掘等，以获得对销售情况的深入了解。
- 数据安全处理：在数据清洗和分析的过程中，采取相应的安全处理措施，包括数据隐私保护、敏感信息脱敏、数据匿名化和去标识化、数据泄露防护等，以确保数据的安全性和隐私保护。

【任务分解】

1）数据清洗任务

- 缺失值处理：使用合适的方法填充或删除缺失值，确保数据的完整性。
- 异常值处理：检测和处理异常值，可以使用统计方法或基于业务规则进行处理。
- 重复值和冗余值处理：删除重复的记录，并去除冗余的属性或信息。
- 数据格式和类型的校验与转换：检查数据格式和类型，进行必要的校验与转换。

2）数据分析任务

- 描述性统计和数据探索：计算销售总额、平均销售额、最大值、最小值等指标，探索数据的分布和关系。
- 时间序列分析：分析销售数据的趋势、季节性和周期性变化。
- 关联规则挖掘：发现产品之间的关联关系，如购买某个产品的同时也会购买其他产品。

3）数据安全处理任务

- 数据隐私保护：对包含敏感信息的字段进行脱敏处理，如使用哈希函数或加密算法保护顾客的个人信息。
- 敏感信息脱敏：对涉及敏感信息的字段进行脱敏处理，如屏蔽部分信息、泛化处理或随机化处理。
- 数据匿名化和去标识化：对数据进行匿名化处理，如去除个人识别信息或将个人信息进行编码。
- 数据泄露防护：采取访问控制措施，限制对敏感数据的访问权限，监控数据访问日志及加密数据传输。

【参考代码】

设计并使用一份包含销售数据的 CSV 文件作为数据集，其中包括产品信息、销售日期、销售额等字段。针对数据清洗、分析和安全处理任务，可以借助 Python 中的 pandas、NumPy、Matplotlib 等库进行实现。参考代码如下：

```
import pandas as pd
import numpy as np
import matplotlib.pyplot as plt

#读取销售数据
data = pd.read_csv("sales_data.csv")

#数据清洗
#缺失值处理
data = data.dropna()
#异常值处理
data = data[(data['sales'] > 0) & (data['sales'] < 10000)]
#重复值处理
data = data.drop_duplicates()
#数据格式和类型的校验与转换
data['date'] = pd.to_datetime(data['date'])

#数据分析
#描述性统计和数据探索
total_sales = data['sales'].sum()
avg_sales = data['sales'].mean()
max_sales = data['sales'].max()
min_sales = data['sales'].min()
#时间序列分析
monthly_sales = data.groupby(data['date'].dt.to_period('M'))['sales'].sum()
#关联规则挖掘
product_associations =
data.groupby('product')['sales'].sum().sort_values(ascending=False)

#数据安全处理
#数据隐私保护
data['customer_id'] = data['customer_id'].apply(hash)
#敏感信息脱敏
data['customer_name'] = data['customer_name'].apply(lambda x: x[:2] +
'*'*(len(x)-2))
#数据匿名化和去标识化
data = data.drop(columns=['customer_id', 'customer_name'])
#数据泄露防护
#设置访问控制和权限控制，加密数据传输等

#输出分析结果
print("总销售额:", total_sales)
print("平均销售额:", avg_sales)
```

```
print("最高销售额:", max_sales)
print("最低销售额:", min_sales)

plt.plot(monthly_sales.index, monthly_sales.values)
plt.xlabel('Month')
plt.ylabel('Sales')
plt.show()

print("产品关联性排名:")
print(product_associations.head())
```

评价项	评价内容	得分
代码分析	代码思路分析	
代码设计	代码算法设计	
代码编写	功能实现与代码规范	
代码测试	测试用例	

本 章 总 结

本章主要介绍了 Python 的数据操作与安全的相关内容。首先,认识到了数据操作的重要性和意义,包括数据清洗、数据分析和数据安全等方面的重要性。然后,深入探讨了数据清洗的各个方面,包括缺失值处理、异常值处理、重复值和冗余值处理,以及数据格式和类型的校验与转换等。还介绍了常用的数据清洗技术和工具,特别是使用 pandas 库进行数据清洗的函数和方法。

接着,我们学习了数据分析的基础知识,包括数据可视化和报告的重要性,以及常用的数据分析技术和方法,如描述性统计、数据探索、数据挖掘、机器学习、时间序列分析、关联规则分析和聚类分析。通过具体的案例和示例,展示了如何应用这些技术和方法来解决实际的数据分析问题。

在数据安全与数据质量方面,本章关注了数据隐私保护、敏感信息脱敏、数据匿名化和去标识化及数据泄露防护的安全问题。同时,强调了在数据操作和分析的过程中保护数据安全和确保数据质量的重要性,并介绍了相应的防护措施和实践案例。通过本章的学习,读者可以掌握 Python 中数据操作与安全的基本概念、方法和工具,具备进行数据清洗、分析和安全处理的能力，并能应用这些知识解决实际的数据问题。同时，读者应该意识到数据安全和数据质量的重要性，并能采取相应的安全措施和质量评估方法来保护和优化数据。

1．为什么数据清洗在数据分析中非常重要？

2．数据隐私保护的重要性是什么？请举例说明。

3．数据完整性和准确性在数据质量中的意义是什么？如何确保数据的完整性和准确性？

4．数据可视化在数据分析中的作用是什么？举例说明一种常用的数据可视化方法。

5．请解释什么是关联规则分析，并举例说明其在实际应用中的场景。

6．数据质量评估和监控的目的是什么？列举几种常用的数据质量评估指标。

7．在数据清洗过程中可能面临的安全问题有哪些？如何采取措施确保数据清洗的安全性？

8．在数据分析过程中可能面临的安全问题有哪些？如何保护数据分析的安全性？

9．请解释数据挖掘和机器学习在数据分析中的区别和联系。

10．数据质量和数据安全之间的关系是什么？为什么数据质量和数据安全同样重要？

第4章

数据加密与 Python 应用

本 章 简 介

在当今数字化时代，数据的安全性是至关重要的。数据加密是一种保护数据隐私和防止未经授权访问的关键技术。本章将介绍数据加密的基础知识与其在 Python 编程中的应用。

首先，本章将深入探讨密码学基础，主要介绍对称加密和非对称加密的原理，以及哈希函数和数字签名的应用。接下来，将介绍 Python 中密码学库的使用。随后，本章将探讨数据加密的应用，包括数据传输的加密与解密，选择合适的安全传输协议及使用 Python 实现数据加密过程。同时，我们将深入研究数据加密算法的实现，主要使用 Python 实现常见的对称加密算法和非对称加密算法。最后，将通过实际应用案例来展示数据加密技术的运用。通过本章的学习，使读者掌握数据加密的基础知识，了解常用的密码学算法和 Python中密码学库的使用方法，并能应用数据加密技术保护数据的安全。本章的实践任务是文件加密与解密。

学 习 目 标

☑ 理解密码学的基础知识。

☑ 熟悉 Python 中常用的密码学库。

☑ 掌握对称加密算法的实现。

☑ 理解非对称加密算法的实现。

素 养 目 标

本章的素养目标是在学习密码学的过程中，培养读者正确的政治立场和价值观，培养创新意识和实践能力，提升综合素养，以成为具有科技伦理意识和数据安全能力的现代化人才。具体目标如下。

- 政治立场意识：培养读者正确的政治立场，认识到数据安全在国家安全和信息化发展中的重要性，增强爱国主义意识和法治意识。

- 价值观培养：引导读者树立正确的价值观，重视个人隐私和数据安全，弘扬社会主义核心价值观，倡导合法、合规的数据处理行为，遵循伦理规范。
- 科技伦理意识：引导读者关注密码学技术的合法性和道德性，强调数据加密对个人隐私和信息安全的保护作用，培养读者的科技伦理意识和责任意识。
- 创新意识培养：鼓励读者在学习密码学的过程中发展创新意识和实践能力，促进密码学技术的创新和应用，为信息安全领域的发展作出贡献。
- 综合素养提升：通过学习密码学的基础知识和应用技术，培养读者的数据加密和解密能力、数据存储的安全意识，以及对身份认证的理解和实践能力，提升读者的综合素养。

4.1　密码学基础

4.1.1　密码学概述

密码学是一门研究保护通信和数据安全的科学和技术学科。它通过使用密码算法对数据进行加密和解密，以确保只有授权用户可以访问和理解这些数据。在密码学中，我们主要关注对称加密和非对称加密两种主要类型的算法，以及哈希函数和数字签名的应用。

加密可以分为对称加密与非对称加密。

- 对称加密：对称加密是一种加密方式，使用相同的密钥来进行数据的加密和解密。发送方使用密钥将数据转换为不可读的形式，接收方使用相同的密钥将数据解密回原始形式。对称加密的特点是加密和解密的速度较快，但密钥的安全性是一个关键问题。
- 非对称加密：非对称加密使用一对密钥，即公钥和私钥，分别用于加密和解密数据。发送方使用接收方的公钥加密数据，接收方使用自己的私钥进行解密。非对称加密的特点是具有相对较高的安全性，因为私钥不需要共享，但加密和解密的过程较为耗时。

哈希函数和数字签名是密码学中的重要概念，用于确保数据的完整性和真实性，并在许多领域起到关键作用。哈希函数可以通过生成唯一的哈希值，验证数据在传输过程中是否被篡改或损坏，这样可以保护数据的完整性。数字签名可以用于验证数据的真实性和确认数据的来源，保护数据的真实性。

- 哈希函数：一种将任意长度的数据转换为固定长度哈希值的算法。它的主要作用是验证数据的完整性，即检查数据是否在传输过程中被篡改。哈希函数将输入数据转换为哈希值，这个哈希值是一个唯一的标识符。即使输入数据发生微小的改变，转换后的哈希值也会有很大的差异。常见的哈希函数有 MD5、SHA-1、SHA-256 等。

- 数字签名：数字签名结合了非对称加密和哈希函数的概念。发送方使用自己的私钥对数据进行加密，生成数字签名。接收方使用发送方的公钥解密签名，并使用相同的哈希函数对接收到的数据进行计算，得到哈希值。如果解密得到的签名和计算得到的哈希值相等，则说明数据的完整性和真实性得到了验证。数字签名可以用于验证数据的来源和确保数据在传输过程中未被篡改。

密码学算法的应用非常广泛，涵盖了数据传输的加密与解密、数据存储的加密与解密及身份认证等领域。理解密码学基础概念对于学习和实现密码学算法及应用密码学技术是至关重要的。

4.1.2 密码学算法分类

密码学算法是密码学中用于加密和解密数据的特定算法。根据其不同的特性和使用方式，密码学算法可以分为以下几类。

1. 对称加密算法

对称加密算法使用相同的密钥进行加密和解密数据。发送方使用密钥将数据转换为不可读的形式，接收方使用相同的密钥将数据解密回原始形式。常见的对称加密算法如下。

- AES（高级加密标准）：一种使用对称密钥进行数据加密和解密的加密算法，广泛应用于安全通信和数据保护。
- DES（数据加密标准）：一种经典的对称加密算法，使用 56 位密钥对数据进行加密和解密。
- 3DES（Triple DES）：一种对 DES 算法进行 3 次迭代加密的加强版算法，提供了更高的安全性。

2. 非对称加密算法

非对称加密算法使用一对密钥，即公钥和私钥，分别进行加密和解密数据。发送方使用接收方的公钥加密数据，接收方使用自己的私钥进行解密。常见的非对称加密算法如下。

- RSA（Rivest-Shamir-Adleman）：一种广泛使用的非对称加密算法，基于大素数分解的数学问题，提供了较高的安全性。
- 椭圆曲线加密算法（Elliptic Curve Cryptography，ECC）：一种基于椭圆曲线数学问题的非对称加密算法，具有相对较短的密钥长度和较高的安全性。
- Diffie-Hellman 密钥交换算法：Diffie-Hellman 算法允许两个通信方在公开信道上协商出一个共享密钥，用于后续的对称加密通信。

3．哈希函数算法

哈希函数算法将任意长度的数据映射为固定长度的哈希值。哈希函数算法主要用于验证数据的完整性，确保数据在传输过程中未被篡改。常见的哈希函数算法如下。

- MD5（Message Digest Algorithm 5）：一种广泛使用的哈希函数算法，但由于其安全性问题，因此现在更常用于数据校验和文件完整性校验等非安全性应用。
- SHA（Secure Hash Algorithm）系列：SHA-1、SHA-256、SHA-512 等是一系列安全性更高的哈希函数算法，常用于数字签名、证书验证和数据完整性校验等领域。

4．数字签名算法

数字签名算法结合了非对称加密和哈希函数的概念，用于验证数据的完整性、真实性和确认数据的来源。常见的数字签名算法如下。

- RSA：使用 RSA 非对称加密算法进行数字签名，确保数据的真实性和完整性。
- DSA（Digital Signature Algorithm）：一种常用的数字签名算法，广泛应用于数字证书和身份验证领域。
- ECDSA（Elliptic Curve Digital Signature Algorithm）：一种基于椭圆曲线的数字签名算法，提供相对较短的密钥长度和较高的安全性。

密码学算法在数据安全、通信保密和身份验证等领域发挥着重要作用。不同的算法类别适用于不同的应用场景，选择合适的算法能够确保数据的安全性和可靠性。

4.2　Python 中密码学库的使用

密码学库是一种用于实现密码学算法的软件工具包，提供了在 Python 中进行加密、解密、哈希函数和数字签名等操作的功能。在 Python 中，有几个常用的密码学库可供选择，包括 cryptography 库、hashlib 库和 PyCryptoDome 库。下面将介绍这些库及其使用方法。

4.2.1　常用密码学库介绍

1．cryptography 库

cryptography 库是 Python 中常用的密码学库，提供了对称加密、非对称加密、哈希函数和数字签名等密码学算法的功能。该库基于 OpenSSL 进行底层操作，具有良好的性能和可靠性。可以使用 pip 命令进行安装，如 pip install cryptography。

2．hashlib 库

hashlib 库是 Python 中的标准库，提供了常见的哈希函数算法的功能，如 MD5、SHA-1、SHA-256 等。该库易于使用且功能齐全，适合简单的哈希函数操作。hashlib 库是 Python 内置的库，无须额外安装。

3．PyCryptoDome 库

PyCryptoDome 库是 Python 密码学库 PyCrypto 的一个分支，提供了对称加密、非对称加密、哈希函数和数字签名等密码学算法的功能。该库对 PyCrypto 库进行了更新和改进，支持较新的 Python 版本。可以使用 pip 命令进行安装，如 pip install pycryptodomex。

4.2.2　对称加密算法的 Python 实现

对称加密算法使用相同的密钥进行加密和解密操作。以下为使用 Python 实现常见对称加密算法。

1．使用 Python 实现 AES 加密和解密

使用 Python 实现 AES 加密和解密是利用密码学库进行操作的一种常见方式。下面详细介绍使用 Python 实现 AES 加密和解密的步骤。

（1）安装密码学库。首先，确保已经安装了 cryptography 库。可以使用 pip 命令进行安装，如 pip install cryptography。

（2）导入所需的模块和类。在 Python 脚本中，导入所需的模块和类。在使用 AES 加密和解密时，需要导入 cryptography.fernet 模块中的 Fernet 类。

```
from cryptography.fernet import Fernet
```

（3）生成密钥。AES 算法使用的密钥长度可以是 128 位（16 字节）、192 位（24 字节）或 256 位（32 字节）的。我们可以使用 Fernet.generate_key() 方法生成一个随机的 256 位密钥。

```
key = Fernet.generate_key()
```

（4）创建 Fernet 对象。使用生成的密钥创建 Fernet 对象，该对象用于加密和解密操作。

```python
Copy code
cipher_suite = Fernet(key)
```

（5）进行加密操作。使用 Fernet.encrypt() 方法对要加密的数据进行加密。加密后的数据通常以字节字符串（bytes）形式呈现。

```
plaintext = b"Hello, World!"  #要加密的数据
ciphertext = cipher_suite.encrypt(plaintext)
```

（6）进行解密操作。使用 Fernet.decrypt()方法对加密后的数据进行解密，还原为原始的明文数据。

```
decrypted_text = cipher_suite.decrypt(ciphertext)
```

完整的示例代码如下：

```
from cryptography.fernet import Fernet

#生成密钥
key = Fernet.generate_key()

#创建 Fernet 对象
cipher_suite = Fernet(key)

#进行加密操作
plaintext = b"Hello, World!"  #要加密的数据
ciphertext = cipher_suite.encrypt(plaintext)

#进行解密操作
decrypted_text = cipher_suite.decrypt(ciphertext)
print("加密后的数据:", ciphertext)
print("解密后的数据:", decrypted_text)
```

注意：在实际使用中，加密和解密的密钥必须是相同的。因此，发送方和接收方需要协商并共享相同的密钥以进行正确的解密操作。

2. 使用 Python 实现 DES 加密和解密

使用 Python 实现 DES（Data Encryption Standard）加密和解密，同样可以利用密码学库进行操作。下面详细介绍使用 Python 实现 DES 加密和解密的步骤。

（1）安装密码学库。首先，确保已经安装了 cryptography 库。可以使用 pip 命令进行安装，如 pip install cryptography。

（2）导入所需的模块。在 Python 脚本中，导入所需的模块和类。在使用 DES 加密和解密时，需要导入 cryptography.fernet 模块中的 Fernet 类。

```
from cryptography.fernet import Fernet
```

（3）生成密钥。DES 算法使用的密钥长度为 56 位（7 字节）。我们可以使用 Fernet.generate_key()方法生成一个随机的 56 位密钥。

```
key = Fernet.generate_key()
```

（4）创建 Fernet 对象。使用生成的密钥创建 Fernet 对象，该对象用于加密和解密操作。

```
cipher_suite = Fernet(key)
```

（5）进行加密操作。使用 Fernet.encrypt()方法对要加密的数据进行加密。加密后的数据通常以字节字符串（bytes）形式呈现。

```
plaintext = b"Hello, World!" #要加密的数据
ciphertext = cipher_suite.encrypt(plaintext)
```

（6）进行解密操作。使用 Fernet.decrypt()方法对加密后的数据进行解密，还原为原始的明文数据。

```
decrypted_text = cipher_suite.decrypt(ciphertext)
```

完整的示例代码如下：

```
from cryptography.fernet import Fernet

#生成密钥
key = Fernet.generate_key()

#创建 Fernet 对象
cipher_suite = Fernet(key)

#进行加密操作
plaintext = b"Hello, World!"  #要加密的数据
ciphertext = cipher_suite.encrypt(plaintext)

#进行解密操作
decrypted_text = cipher_suite.decrypt(ciphertext)

print("加密后的数据:", ciphertext)
print("解密后的数据:", decrypted_text)
```

注意：在实际使用中，加密和解密的密钥必须是相同的。因此，发送方和接收方需要协商并共享相同的密钥以进行正确的解密操作。

3. 使用 Python 实现 3DES 加密和解密

使用 Python 实现 3DES（Triple Data Encryption Standard）加密和解密，同样可以利用密码学库进行操作。下面详细介绍使用 Python 实现 3DES 加密和解密的步骤。

（1）安装密码学库。首先，确保已经安装了 cryptography 库。可以使用 pip 命令进行安装，如 pip install cryptography。

（2）导入所需的模块。在 Python 脚本中，导入所需的模块和类。在使用 3DES 加密和解密时，需要导入 cryptography.fernet 模块中的 Fernet 类。

```
from cryptography.fernet import Fernet
```

（3）生成密钥。3DES 算法使用的密钥长度为 168 位（24 字节）。我们可以使用 Fernet.generate_key()方法生成一个随机的 168 位密钥。

```
key = Fernet.generate_key()
```

（4）创建 Fernet 对象。使用生成的密钥创建 Fernet 对象，该对象用于加密和解密操作。

```
cipher_suite = Fernet(key)
```

（5）进行加密操作。使用 Fernet.encrypt()方法对要加密的数据进行加密。加密后的数据通常以字节字符串（bytes）形式呈现。

```
plaintext = b"Hello, World!"  #要加密的数据
ciphertext = cipher_suite.encrypt(plaintext)
```

（6）进行解密操作。使用 Fernet.decrypt()方法对加密后的数据进行解密，还原为原始的明文数据。

```
decrypted_text = cipher_suite.decrypt(ciphertext)
```

完整的示例代码如下：

```
from cryptography.fernet import Fernet
#生成密钥
key = Fernet.generate_key()
#创建 Fernet 对象
cipher_suite = Fernet(key)
#进行加密操作
plaintext = b"Hello, World!"  #要加密的数据
ciphertext = cipher_suite.encrypt(plaintext)
#进行解密操作
decrypted_text = cipher_suite.decrypt(ciphertext)
print("加密后的数据:", ciphertext)
print("解密后的数据:", decrypted_text)
```

对称加密算法的抽象是 Fernet 模块，不同的实现有不同的表现，即多态。本书没有写实现细节，只关注加密步骤与流程，所以主体代码一样，在具体实现时运行结果是不一样的。

4.2.3　非对称加密算法的 Python 实现

非对称加密算法使用一对密钥（公钥和私钥）来进行加密和解密操作。在 Python 中，可以使用密码学库来实现非对称加密算法，如 RSA 加密和解密、椭圆曲线加密算法（Elliptic Curve Cryptography，ECC）和 Diffie-Hellman 密钥交换算法。下面详细介绍如何使用 Python 实现这些非对称加密算法。

1．RSA 加密和解密

RSA 是一种常见的非对称加密算法，它使用一个公钥和一个私钥分别进行加密和解密操作。

（1）导入所需的模块。在 Python 脚本中，导入所需的模块和类。在使用 RSA 加密和解密时，可以使用 cryptography.hazmat.primitives.asymmetric 模块中的相关类。

```
from cryptography.hazmat.primitives.asymmetric import rsa
from cryptography.hazmat.primitives import serialization
from cryptography.hazmat.primitives.asymmetric import padding
```

（2）生成密钥对。使用 RSA 生成公钥和私钥对。可以先使用 rsa.generate_private_key() 方法生成私钥，再从私钥中提取公钥。

```
private_key = rsa.generate_private_key(
    public_exponent=65537,
    key_size=2048
)
public_key = private_key.public_key()
```

（3）进行加密操作。使用公钥对数据进行加密。使用 public_key.encrypt()方法，指定填充方式和加密算法进行加密。

```
plaintext = b"Hello, World!"  #要加密的数据
ciphertext = public_key.encrypt(
    plaintext,
    padding.OAEP(
        mgf=padding.MGF1(algorithm=hashes.SHA256()),
        algorithm=hashes.SHA256(),
        label=None
    )
)
```

（4）进行解密操作。使用私钥对加密后的数据进行解密。使用 private_key.decrypt()方法，指定填充方式和加密算法进行解密。

```
decrypted_text = private_key.decrypt(
    ciphertext,
    padding.OAEP(
        mgf=padding.MGF1(algorithm=hashes.SHA256()),
        algorithm=hashes.SHA256(),
        label=None
    )
)
```

2. 椭圆曲线加密算法（ECC）

ECC 算法是一种基于椭圆曲线数学问题的非对称加密算法，它提供了相对较高的安全性和更短的密钥长度。

（1）导入所需的模块。在 Python 脚本中，需要导入所需的模块和类。在使用 ECC 算法加密和解密时，可以使用 cryptography.hazmat.primitives.asymmetric 模块中的相关类。

```
from cryptography.hazmat.primitives.asymmetric import ec
```

（2）生成密钥对。使用 ECC 算法生成公钥和私钥对。可以先使用 ec.generate_private_key()方法生成私钥，再从私钥中提取公钥。

```
private_key = ec.generate_private_key(ec.SECP384R1())
public_key = private_key.public_key()
```

（3）进行加密和解密操作。使用 ECC 算法时，通常使用非对称加密来交换对称加密算法所需的密钥。例如，首先使用 ECC 算法生成的公钥加密对称密钥，然后使用私钥解密对称密钥。

3．Diffie-Hellman 密钥交换算法

Diffie-Hellman 密钥交换算法是一种协议，允许两个通信方在不共享密钥的情况下协商出一个共享密钥。

（1）导入所需的模块。在 Python 脚本中，需要导入所需的模块和类。在使用 Diffie-Hellman 算法时，可以使用 cryptography.hazmat.primitives.asymmetric 模块中的相关类。

```
from cryptography.hazmat.primitives.asymmetric import dh
```

（2）生成参数。使用 Diffie-Hellman 算法生成交换所需的参数。可以使用 dh.generate_parameters()方法生成 Diffie-Hellman 参数。

```
parameters = dh.generate_parameters(generator=2, key_size=2048)
```

（3）生成密钥对。使用 Diffie-Hellman 算法生成公钥和私钥对。可以先使用 parameters.generate_private_key()方法生成私钥，再从私钥中提取公钥。

```
private_key = parameters.generate_private_key()
public_key = private_key.public_key()
```

（4）进行密钥交换。通信方 A 和 B 分别生成自己的私钥和公钥，并通过交换公钥来计算出共享密钥。

```
shared_key_A = private_key_A.exchange(public_key_B)
shared_key_B = private_key_B.exchange(public_key_A)
```

完整的示例代码如下：

```
from cryptography.hazmat.primitives.asymmetric import rsa, ec, dh
from cryptography.hazmat.primitives import serialization, padding, hashes
#RSA 加密和解密
private_key = rsa.generate_private_key(public_exponent=65537, key_size=2048)
public_key = private_key.public_key()


plaintext = b"Hello, World!"  #要加密的数据
```

```
ciphertext = public_key.encrypt(
    plaintext,
    padding.OAEP(
        mgf=padding.MGF1(algorithm=hashes.SHA256()),
        algorithm=hashes.SHA256(),
        label=None
    )
)
decrypted_text = private_key.decrypt(
    ciphertext,
    padding.OAEP(
        mgf=padding.MGF1(algorithm=hashes.SHA256()),
        algorithm=hashes.SHA256(),
        label=None
    )
)

print("RSA 加密后的数据:", ciphertext)
print("RSA 解密后的数据:", decrypted_text)

#ECC 加密和解密
private_key = ec.generate_private_key(ec.SECP384R1())
public_key = private_key.public_key()

#使用 ECC 算法进行密钥交换等操作

#Diffie-Hellman 密钥交换算法
parameters = dh.generate_parameters(generator=2, key_size=2048)
private_key_A = parameters.generate_private_key()
public_key_A = private_key_A.public_key()

private_key_B = parameters.generate_private_key()
public_key_B = private_key_B.public_key()

shared_key_A = private_key_A.exchange(public_key_B)
shared_key_B = private_key_B.exchange(public_key_A)

print("Diffie-Hellman 共享密钥:", shared_key_A == shared_key_B)
```

注意：在实际使用中，非对称加密算法需要谨慎处理密钥的生成、保管和分发，以确保安全性。

4.3 数据加密的应用

4.3.1 数据加密技术概述

数据加密是一种常用的安全技术,用于保护数据的机密性和完整性,防止未经授权的访问者读取或修改数据。下面将介绍数据加密的目的和原理,以及加密算法的选择与适用场景。

数据加密的主要目的是确保数据在传输或存储过程中的安全性。通过对数据进行加密,即将数据转换为不可读的形式,只有持有正确密钥的授权用户才能解密并访问数据。

数据加密基于密码学原理,使用特定的算法和密钥对数据进行加密和解密。在加密过程中,明文数据经过算法的转换和混淆,生成密文数据;在解密过程中,密文数据通过逆向算法和正确的密钥恢复为明文数据。

加密算法的选择与适用场景如下。

- 对称加密算法:对称加密算法使用相同的密钥进行加密和解密,适用于需要快速加密和解密大量数据的场景。常见的对称加密算法有 AES、DES、3DES 等。
- 非对称加密算法:非对称加密算法使用一对密钥(公钥和私钥)进行加密和解密,适用于安全性要求较高的场景。公钥用于加密数据,私钥用于解密数据或生成数字签名。常见的非对称加密算法有 RSA、椭圆曲线加密算法(ECC)等。
- 哈希函数:哈希函数将任意长度的数据转换为固定长度的哈希值,常用于验证数据完整性和生成数字签名。常见的哈希函数有 MD5、SHA-1、SHA-256 等。

选择合适的加密算法应基于以下考虑因素。

- 安全性:加密算法应具备足够的安全性,能够抵御各种攻击和破解尝试。
- 性能:加密算法应具备良好的性能,包括加密速度、解密速度和资源消耗。
- 可扩展性:加密算法应能够适应不同的数据规模和应用场景。
- 标准化与广泛应用:选择经过广泛应用和被业界认可的加密算法,以确保兼容性和互操作性。

不同的应用场景可能对加密算法的要求有所不同。例如,对于网络通信中的数据传输,可以使用对称加密算法来提供快速的加密和解密性能;而对于存储在数据库中的敏感数据,可以使用非对称加密算法来提供更高的安全性。因此,在选择加密算法时,应根据具体的应用需求和安全要求来权衡各种因素,选择最适合的加密算法和方案。

4.3.2　数据传输的加密与解密

数据传输的加密与解密是确保数据在传输过程中的安全性的重要应用之一。在数据传输过程中，加密可以防止未经授权的访问者窃取、篡改或查看敏感信息。下面将详细介绍数据传输的加密与解密应用。

在数据传输过程中，可以使用不同的安全传输协议来确保数据的机密性和完整性。常用的安全传输协议包括 SSL/TLS（Secure Sockets Layer/Transport Layer Security）和 SSH（Secure Shell）。

SSL/TLS 协议：SSL/TLS 协议提供了加密和认证机制，用于保护数据在客户端和服务器之间的传输。通过在建立连接时进行握手、密钥交换和加密通信，SSL/TLS 协议可以防止中间人攻击和数据泄露。

SSH 协议：SSH 协议用于安全远程登录和文件传输。它通过加密和身份验证来保护数据传输过程。SSH 协议使用非对称加密算法和密钥交换协议来确保数据的机密性和完整性。

在 Python 中，可以使用密码学库来实现数据的加密和解密过程。常用的密码学库包括 cryptography 库、hashlib 库和 PyCryptoDome 库。

1. 使用 cryptography 库

cryptography 库提供了丰富的密码学功能，包括对称加密、非对称加密、哈希函数和数字签名等。可以使用该库来实现数据的加密和解密过程。

```
from cryptography.fernet import Fernet
#生成密钥
key = Fernet.generate_key()
#创建加密器
cipher_suite = Fernet(key)
#加密数据
plaintext = b"Hello, World!"
ciphertext = cipher_suite.encrypt(plaintext)
#解密数据
decrypted_text = cipher_suite.decrypt(ciphertext)
```

2. 使用 hashlib 库

hashlib 库提供了各种哈希函数，可以用于生成哈希值和校验数据完整性。在数据传输过程中，可以使用哈希函数对数据进行摘要和验证。

```
import hashlib

#计算数据的哈希值
data = b"Hello, World!"
hash_value = hashlib.sha256(data).hexdigest()
```

```
#验证数据的完整性
received_data = b"Hello, World!"
received_hash = "1234567890"  #接收到的哈希值
is_valid = hashlib.sha256(received_data).hexdigest() == received_hash
```

以上是数据传输的加密与解密的基本概念和实现方法。在实际应用中，还需要考虑密钥管理、身份验证和安全协议的选择等问题，以确保数据传输的安全性和可靠性。

4.3.3 数据存储的加密与解密

数据存储的加密与解密是确保数据在存储介质上的安全性的重要应用之一。通过对数据进行加密，可以防止未经授权的访问者获取敏感信息。下面将详细介绍数据存储的加密与解密应用。

数据库是常用的数据存储方式之一，可以使用加密技术来保护存储在数据库中的敏感数据。

（1）数据列级加密。可以对数据库中的敏感数据列进行加密，如用户的密码、信用卡号等。通过对这些数据列进行加密，即使数据库被未经授权的访问者获取，也无法直接获得明文数据。

（2）数据库级加密。可以对整个数据库进行加密，包括表、索引、触发器等。这种加密方式可以提供更高的安全性，确保数据库中的所有数据都得到保护。

（3）密钥管理。在数据库加密过程中，密钥的管理非常重要。应该使用安全的密钥管理策略，包括生成强密钥、密钥的存储和分发等。

除了数据库，数据还可以以文件的形式存储在磁盘上。可以使用加密算法对文件进行加密和解密。在 Python 中，可以使用密码学库来实现文件的加密和解密过程。通过读取文件的内容，对其进行加密，并将加密后的数据写入新的文件中。当解密时，读取加密文件的内容，对其进行解密，并将解密后的数据写入新的文件中。在文件中，加密的相关代码如下：

```
from cryptography.fernet import Fernet

#生成密钥
key = Fernet.generate_key()

#创建加密器
cipher_suite = Fernet(key)

#加密文件
with open('plaintext.txt', 'rb') as f:
```

```
        plaintext = f.read()
        ciphertext = cipher_suite.encrypt(plaintext)
with open('encrypted_file.txt', 'wb') as f:
        f.write(ciphertext)


#解密文件
with open('encrypted_file.txt', 'rb') as f:
        ciphertext = f.read()
        decrypted_text = cipher_suite.decrypt(ciphertext)
with open('decrypted_file.txt', 'wb') as f:
        f.write(decrypted_text)
```

以上是数据存储的加密与解密的基本概念和实现方法。在实际应用中，需要根据具体需求和场景选择适当的加密算法和密钥管理策略，以确保数据的安全性和可靠性。

4.3.4 密码学在身份认证中的应用

密码学在身份认证中起着重要的作用，它可以确保用户身份的真实性和数据传输的安全性。下面将详细介绍密码学在身份认证中的应用。

在用户注册和登录过程中，密码存储和验证是常见的应用场景。密码应该以安全的方式进行存储，以防止密码泄露导致的安全风险。通常，密码不会以明文形式存储，而是经过哈希函数进行加密，并存储其哈希值。在用户登录时，系统会对用户输入的密码进行哈希处理，并与存储的哈希值进行比对来验证密码的正确性。

（1）使用 hashlib 库实现密码的哈希存储和验证。在 Python 中，可以使用 hashlib 库中的哈希函数来实现密码的哈希存储和验证。

```
import hashlib

#注册过程：密码哈希存储
password = "my_password"
salt = "random_salt"  #添加随机盐值
hashed_password = hashlib.pbkdf2_hmac('sha256', password.encode('utf-8'),
salt.encode('utf-8'), 100000)


#登录过程：密码哈希验证
input_password = "my_password"
input_salt = "random_salt"
hashed_input_password = hashlib.pbkdf2_hmac('sha256',
input_password.encode('utf-8'), input_salt.encode('utf-8'), 100000)


if hashed_input_password == hashed_password:
        print("密码正确")
```

```
else:
    print("密码错误")
```

（2）使用 Python 实现基于密码学的身份认证方法。除了传统的用户名和密码认证方式，密码学还提供了其他基于身份认证的方法，如令牌认证、数字签名和公钥基础设施（PKI）等。

- 令牌认证：令牌是一个用于验证身份的凭证，可以是硬件令牌（如 USB 密钥）或软件令牌（如手机应用程序）。令牌认证通常基于对称或非对称加密算法，确保令牌的安全性和有效性。
- 数字签名：数字签名使用非对称加密算法，将发送方的数据与其私钥进行加密，生成一个数字签名。接收方使用发送方的公钥对数字签名进行解密和验证，确保数据的完整性和真实性。
- 公钥基础设施（PKI）：一个包含公钥、数字证书、证书颁发机构（CA）等组件的框架，用于管理和验证身份信息。它基于非对称加密算法，确保通信双方身份的真实性和数据传输的安全性。

密码学提供了多种方法来保护用户的身份和数据，确保认证过程的安全性和可靠性。在实际应用中，需要根据具体需求选择适当的身份认证方法，并合理使用密码学算法和工具来保护用户和数据的安全。

实践任务：文件加密与解密

【需求分析】

设计一个能够对文件进行加密与解密操作的程序。用户可以指定要加密或解密的文件，并提供密钥，程序将使用对称加密算法对文件进行加密或解密操作，并生成相应的输出文件。

【实现思路】

1）用户界面

设计一个简单的命令行界面，让用户选择加密或解密操作，并提供文件路径和密钥。

2）加密操作

- 用户输入要加密的文件路径和密钥。
- 读取指定的文件内容。
- 使用对称加密算法对文件内容进行加密操作，使用提供的密钥。
- 将加密后的数据写入新的输出文件中。

3）解密操作

- 用户输入要解密的文件路径和密钥。
- 读取指定的文件内容。
- 使用对称加密算法对文件内容进行解密操作，使用提供的密钥。
- 将解密后的数据写入新的输出文件。

【任务分解】

1）设计用户界面

- 显示欢迎信息和操作选项。
- 接收用户输入的操作选项。
- 根据用户的选择执行相应的操作。

2）实现加密操作

- 接收用户输入的文件路径和密钥。
- 打开指定的文件，读取文件内容。
- 使用对称加密算法对文件内容进行加密操作。
- 创建输出文件，将加密后的数据写入输出文件。
- 提示操作完成。

3）实现解密操作

- 接收用户输入的文件路径和密钥。
- 打开指定的文件，读取文件内容。
- 使用对称加密算法对文件内容进行解密操作。
- 创建输出文件，将解密后的数据写入输出文件。
- 提示操作完成。

【参考代码】

下面是一个简单的 Python 参考代码，实现了文件加密与解密功能。

```python
from cryptography.fernet import Fernet

def encrypt_file(file_path, key):
    with open(file_path, 'rb') as file:
        plaintext = file.read()

    cipher_suite = Fernet(key)
    ciphertext = cipher_suite.encrypt(plaintext)

    output_file = f"{file_path}.encrypted"
```

```
    with open(output_file, 'wb') as file:
        file.write(ciphertext)

    print(f"加密完成，加密后的文件保存为：{output_file}")

def decrypt_file(file_path, key):
    with open(file_path, 'rb') as file:
        ciphertext = file.read()

    cipher_suite = Fernet(key)
    plaintext = cipher_suite.decrypt(ciphertext)

    output_file = f"{file_path}.decrypted"
    with open(output_file, 'wb') as file:
        file.write(plaintext)

    print(f"解密完成，解密后的文件保存为：{output_file}")

def main():
    print("欢迎使用文件加密与解密程序!")
    print("1. 加密文件")
    print("2. 解密文件")
    choice = input("请选择操作(1/2)：")

    if choice == '1':
        file_path = input("请输入要加密的文件路径：")
        key = Fernet.generate_key()
        encrypt_file(file_path, key)
    elif choice == '2':
        file_path = input("请输入要解密的文件路径：")
        key = input("请输入密钥：")
        decrypt_file(file_path, key)
    else:
        print("无效的选项，请重新运行程序。")

if __name__ == "__main__":
    main()
```

注意：上述参考代码使用了 cryptography 库中的 Fernet 类来实现 AES 对称加密算法。在运行程序之前，请确保已安装该库。

这个示例实现了一个简单的文件加密与解密程序，用户可以选择加密或解密操作，并提供相应的文件路径和密钥。程序将使用对称加密算法对文件进行加密或解密操作，并生成对应的输出文件。

评价项	评价内容	得分
代码分析	代码思路分析	
代码设计	代码算法设计	
代码编写	功能实现与代码规范	
代码测试	测试用例	

本章主要介绍了密码学的基础知识和在 Python 中密码学库的使用。首先，了解了密码学概述，包括对称加密和非对称加密的基本概念，以及哈希函数和数字签名的作用和原理。然后，了解了密码学算法分类，包括对称加密算法、非对称加密算法、哈希函数算法和数字签名算法。

接着，本章重点介绍了 Python 中常用的密码学库，包括 cryptography 库、hashlib 库和 PyCryptoDome 库。这些库提供了丰富的密码学功能，可以用于实现各种加密算法和操作。

在具体实现方面，学习了对称加密算法的 Python 实现，包括 AES、DES 和 3DES 的加密和解密过程。还学习了非对称加密算法的 Python 实现，包括 RSA 加密和解密、椭圆曲线加密算法（ECC）和 Diffie-Hellman 密钥交换算法。

在数据加密的应用方面，探讨了数据传输的加密与解密过程，包括安全传输协议的选择和 Python 实现数据加密与解密的过程。本章还介绍了数据存储的加密与解密方案，包括数据库加密与解密和文件加密与解密的实现。此外，还探讨了密码学在身份认证中的应用，包括密码存储与验证的实践和基于密码学的身份认证方法的 Python 实现。

1. 什么是对称加密和非对称加密？它们之间有什么区别？

2. 哈希函数的作用是什么？数字签名的作用是什么？它们的原理分别是什么？

3．请列举几种常见的对称加密算法和非对称加密算法。

4．cryptography 库、hashlib 库和 PyCryptoDome 库分别是用来做什么的？

5．请使用 Python 实现 AES 加密和解密的过程。

6．数据传输中的加密与解密有哪些常用的安全传输协议？

7．如何使用 Python 对数据库进行加密与解密操作？

8．在身份认证中，为什么需要使用密码学？请举例说明基于密码学的身份认证方法。

9．请使用 Python 实现 RSA 加密和解密的过程。

10．数据加密技术的目的是什么？在选择加密算法时应考虑哪些因素？

网络与数据传输安全（网络数据安全Python 实践）

本章简介

本章从网络与数据传输安全概述开始，介绍了网络安全的基本概念和原则，以及数据传输安全。其中，将讨论保护数据传输安全的重要性，并探讨如何应对这些安全威胁。接下来，将深入研究 Python 中的网络编程基础，掌握计算机网络基础知识对于实现网络通信和构建安全的网络应用程序至关重要。同时，将学习 Socket 的网络编程，了解如何使用Python 进行网络通信，并探讨常见的网络协议和数据包解析。

在网络安全领域中，加密和身份验证是关键的保护措施。虽然在第 4 章中已经涵盖了与加密相关的内容，但本章将重点讨论网络防御与攻击防范。首先，学习防火墙与网络安全策略、入侵检测与入侵防御系统、安全认证与访问控制的基本原理和实现方法。然后，将探讨网络流量分析与漏洞扫描。网络流量分析是识别潜在安全威胁和漏洞的重要手段，而漏洞扫描则有助于发现系统中的弱点和漏洞。我们将介绍网络流量分析工具与技术、使用 Python 进行网络流量分析，以及漏洞扫描工具与实践。本章的实践任务是构建安全的聊天室应用程序，在该任务中不仅要完成客户端与服务器之间的通信，同时要对通信数据信息进行加密和解密。

学习目标

☑ 理解网络与数据传输安全的基本概念和原则。

☑ 掌握 Python 中的网络编程基础。

☑ 熟悉常见的网络协议与数据包解析技术。

☑ 理解网络防御与攻击防范的相关概念。

☑ 熟悉网络流量分析与漏洞扫描的基本原理和方法。

☑ 能够使用 Python 进行网络流量分析与漏洞扫描。

素养目标

本章的素养目标是培养读者对网络与数据传输安全的重要性的认识，并通过学习相关知识和技能，提升读者的网络安全意识和能力，以保护个人隐私和信息安全，同时维护网络环境的安全和稳定。具体目标如下。

- 政治立场意识：培养读者正确的网络安全意识和政治立场，认识到网络安全与国家安全、社会稳定和个人利益的紧密关联。

- 价值观养成：引导读者树立正确的网络伦理观念和价值观，强调信息保护、隐私保密和知识产权的重要性，倡导网络道德和文明使用互联网。

- 社会责任感：增强读者对网络安全问题的责任感，认识到个人在网络空间中的行为和决策对社会和他人的影响，并主动参与网络安全维护。

- 创新意识培养：鼓励读者探索网络安全领域，培养创新意识，提升读者的技术能力和解决问题的能力，培养网络安全专业人才。

通过实现这些素养目标，读者将能够在网络空间中保护个人信息和隐私，辨别和应对网络威胁，积极参与网络安全事务，树立正确的网络安全观念和行为准则，为建设网络强国和数字社会作出贡献。

5.1　网络与数据传输安全概述

5.1.1　网络安全的基本概念和原则

网络与数据传输安全是当今数字化时代不可忽视的重要议题。在这个信息爆炸的时代，人们越来越多地依赖网络进行通信、交流和数据传输。然而，网络也面临着各种威胁和风险，如黑客攻击、数据泄露和恶意软件等。因此，保护网络与数据传输安全成为至关重要的任务。

网络安全是指通过采取一系列的技术、措施和策略，保护计算机网络和其中的数据免受未经授权的访问、使用、破坏或泄露的威胁。在当今数字化时代，网络已经成为人们日常生活和商业活动的重要基础设施。保护网络安全可以确保个人隐私不受侵犯，防止敏感信息的泄露，并保障业务的连续性。

网络安全的基本原则包括机密性、完整性和可用性。

- 机密性：确保数据只能被授权的人或实体访问，防止未经授权的泄露。

- 完整性：确保数据在传输和存储过程中没有被篡改或损坏，保持数据的完整性和准确性。

- 可用性：确保网络和数据的正常运行和可访问性，防止攻击、故障或其他原因导致的服务中断。

在数据传输过程中，可能面临各种安全威胁和攻击方式，其中一些常见的安全威胁如下。

- 窃听：攻击者可以通过截获和窃听网络传输的数据包来获取敏感信息。
- 篡改：攻击者可以修改传输的数据包，篡改其中的内容，破坏数据的完整性。
- 重放攻击：攻击者可以截获并重放先前的数据包，欺骗系统接受重复的请求或命令。
- 拒绝服务（DoS）攻击：攻击者通过发送大量的无效请求或占用资源，使目标系统无法正常提供服务。
- 中间人攻击：攻击者通过在通信双方之间插入自己，篡改或窃取数据，而通信双方都不知情。

这些安全威胁可能导致数据泄露、数据篡改、系统服务中断等严重后果，对个人和组织的隐私、财产和声誉造成威胁。

保护数据传输安全至关重要，无论是在个人使用互联网时，还是在组织或企业处理敏感信息时。在数据传输中有以下几点需要注意。

（1）防止数据泄露：通过采取安全措施，如加密数据和使用安全协议，可以防止数据在传输过程中被未经授权的访问者窃听和获取。

（2）保护数据完整性：使用数据完整性验证技术，如哈希算法和数字签名，可以确保数据在传输过程中不被篡改或损坏。

（3）保护用户隐私：通过加密敏感数据，用户可以享受更高级别的隐私保护，确保个人信息不被非法获取。

（4）提升用户信任：对于企业和组织来说，采取适当的安全措施可以提升用户信任感、提高品牌声誉。

（5）遵守法规要求：许多行业和国家都有关于数据安全和隐私的法规要求，保护数据传输安全是遵守法规的重要一环。

5.1.2　数据传输安全

数据传输安全是网络安全的一个重要方面。在数据传输过程中，数据可能面临各种威胁和风险，如被窃听、篡改或拦截。为了保护数据传输的安全性，我们需要采取相应的措施。这些措施包括加密数据以确保保密性，验证数据完整性以防止被篡改，以及确保数据传输的可用性和可靠性。了解数据传输的基本概念对于理解网络与数据传输安全非常重要。数据在网络中以数据包的形式进行传输，数据包是数据在网络中传输的基本单元。数据传输依赖各种协议，协议定义了数据传输的规则和标准，确保数据能够正确地从源端传输到目的端。在网络中，不同的应用程序使用不同的端口进行通信，端口允许数据在不同的应用程序之间进行传输和交换。网络中存在各种网络威胁和风险，这些威胁和风险可能导致数据的泄露、服务的中断及财产的损失。常见的网络威胁包括黑客入侵、病毒和恶意软件、网络钓鱼等。了解这些威胁和风险对于制定有效的网络安全策略至关重要，只有了解并认识到潜在的威胁，才能采取适当的措施来预防和应对。

数据传输安全的目标是确保数据在传输过程中的保密性、完整性和可用性。保密性确保数据只能被授权用户访问，通过使用加密算法和访问控制来实现。完整性确保数据在传输过程中不被篡改，通过数据完整性校验和防止篡改的技术来实现。可用性确保数据传输的可靠性和连通性，确保数据能够在需要时得到访问。在实现数据传输安全方面，有许多常见的技术可供选择。加密算法是保护数据传输安全的重要技术之一，它使用密码学算法将数据转换为密文，只有授权用户能够解密。数字证书用于验证数据的真实性和完整性，确保通信双方的身份可信。防火墙是一种网络安全设备，可以监控和过滤网络流量，保护网络免受未经授权的访问。

5.2　Python 中的网络编程基础

5.2.1　计算机网络基础知识

计算机网络是指将地理位置不同、具有独立功能的多台计算机及其外部设备，通过通信线路连接起来，在网络操作系统、网络管理软件及网络通信协议的管理和协调下，实现资源共享和信息传递的计算机系统。

通俗地讲，计算机网络就是由多台计算机（或其他计算机网络设备）通过传输介质和软件物理（或逻辑）连接在一起组成的。总的来说，计算机网络的组成基本上包括以下 4 个部分：计算机、网络操作系统、传输介质（可以是有形的，也可以是无形的，如无线网络的传输介质就是空间）及相应的应用软件。

计算机网络的主要功能如下。

1. 数据通信

数据通信是计算机网络的最主要功能之一。数据通信是指依照一定的通信协议，利用数据传输技术在两个终端之间传递数据信息的一种通信方式和通信业务。它可以实现计算机和计算机、计算机和终端及终端和终端之间的数据信息传递，是继电报、电话业务之后的第 3 种最大的通信业务。在数据通信中传递的信息均以二进制数据形式来表现，数据通信的另一个特点是总与远程信息处理相联系，是包括科学计算、过程控制、信息检索等内容的广义的信息处理。

2．资源共享

资源共享是人们建立计算机网络的主要目的之一。计算机资源包括硬件资源、软件资源和数据资源。硬件资源的共享可以提高设备的利用率，避免设备的重复投资，如利用计算机网络建立网络打印机；软件资源和数据资源的共享可以充分利用已有的信息资源，减少软件开发过程中的劳动，避免大型数据库的重复建设。

3．集中管理

计算机网络技术的发展和应用使得现代的办公手段、经营管理等发生了变化。目前，已经有了许多管理信息系统、办公自动化系统等，通过这些系统可以实现日常工作的集中管理，提高工作效率，增加经济效益。

4．实现分布式处理

网络技术的发展使得分布式计算成为可能。对于大型的课题来说，可以分成许多小题目，先由不同的计算机分别完成，再集中起来，解决问题。

5．负荷均衡

负荷均衡是指工作被均匀地分配给网络上的各台计算机系统。网络控制中心负责分配和检测，当某台计算机负荷过重时，系统会自动转移负荷到较轻的计算机系统中去处理。

由此可见，计算机网络可以大大扩展计算机系统的功能，扩大其应用范围，提高可靠性，为用户提供便利，也减少了费用，提高了性能价格比。

5.2.2　网络协议

两台计算机要进行直接通信，必须采用相同的信息交换规则。在计算机网络中，用于规定信息的格式及如何发送和接收信息的一套规则、标准或约定被称为网络协议（Network Protocol）。目前使用最广泛的网络协议是 Internet 上所用的 TCP/IP 协议。网络编程就是通过网络协议与其他计算机进行通信的。

TCP/IP 协议，即传输控制/网络协议，也叫作网络通信协议。它是网络使用中最基本的通信协议。TCP/IP 协议对互联网中各部分进行通信的标准和方法进行了规定。并且，TCP/IP 协议是保证网络数据信息及时、完整传输的两个重要的协议。严格来说，TCP/IP 协议是一个四层的体系结构，包含应用层、传输层、互联层和网络接口层。TCP/IP 层次结构图如图 5.1 所示。

下面将分别介绍 TCP/IP 协议中的四个层次。

（1）应用层：应用层是 TCP/IP 协议的第一层，是直接为应用进程提供服务的。

（2）传输层：作为 TCP/IP 协议的第二层，传输层在整个 TCP/IP 协议中起到了中流砥柱的作用。并且在传输层中，TCP 和 UDP 也同样起到了中流砥柱的作用。

（3）互联层：互联层在 TCP/IP 协议中位于第三层。在 TCP/IP 协议中互联层可以实现网络连接的建立和终止及 IP 地址的寻找等功能。

（4）网络接口层：在 TCP/IP 协议中，网络接口层位于第四层。由于网络接口层兼并了物理层和数据链路层，因此网络接口层既是传输数据的物理媒介，也可以为互联层提供一条准确无误的线路。

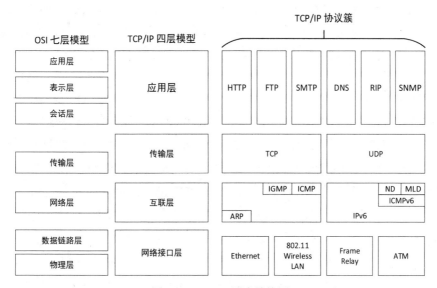

图 5.1　TCP/IP 层次结构图

5.2.3　IP 地址和域名

通信的时候，双方必须知道对方的标识，好比发邮件必须知道对方的邮件地址。互联网上每台计算机的唯一标识就是 IP 地址，如 102.168.1.12。如果一台计算机同时接入两个或更多的网络，比如路由器，它就会有两个或多个 IP 地址，所以，IP 地址对应的实际上是计算机的网络接口，通常是网卡。

IP 协议负责把数据从一台计算机通过网络发送到另一台计算机上。数据被分割成一小块一小块，并通过 IP 包发送出去。由于互联网链路复杂，两台计算机之间经常有多条线路，因此路由器就负责决定如何把一个 IP 包转发出去。IP 包的特点是按块发送，途经多个路由器，但不保证能到达，也不保证能顺序到达。

1．IP 地址

IP 是 Internet Protocol（网际互连协议）的缩写，是 TCP/IP 体系中的网络层协议。设计 IP 地址的目的是提高网络的可扩展性：一是解决互联网问题，实现大规模、异构网络的互联互通；二是分割顶层网络应用和底层网络技术之间的耦合关系，以利于两者的独立发展。根据端到端的设计原则，IP 地址只为主机提供一种无连接的、不可靠的、尽力而为的数据报传输服务。

IPv4 地址可被写作任何表示一个 32 位整数值的形式，但为了方便人们阅读和分析，它通常被写作点分十进制数的形式，即 4 字节用十进制数写出，中间用点分隔。IP 地址是分配给 IP 网络每台机器的数字标识符，它指出了设备在网络中的具体位置，用于在本地网络中寻找主机。IP 地址的表示方法如下。

IP 地址的二进制数表示，比如：01110101 10010101 00011101 11101010。

IP 地址的十进制数表示，比如：129.11.11.39。

在 IPv4 地址中，IP 地址被分为 A、B、C、D、E，一共有 5 类 IP 地址。

2．域名系统

域名系统（Domain Name System，DNS）是 Internet 上解决网上机器命名的一种系统。就像拜访朋友要先知道他家怎么走一样，在 Internet 上，当一台主机要访问另外一台主机时，必须首先获知其地址，IP 地址由 4 段以 "." 分隔的数字组成，记忆起来总是不如记名字那么方便，所以，就采用了域名系统来管理名字和 IP 地址的对应关系。

虽然 Internet 上的节点都可以用 IP 地址唯一标识，并且可以通过 IP 地址被访问，但即使是将 32 位的二进制数 IP 地址写成 4 个 0～255 的十进制数形式，也依然太长、太难记。因此，人们发明了域名（Domian Name），域名可将一个 IP 地址关联到一组有意义的字符上。当用户访问一个网站时，既可以输入该网站的 IP 地址，也可以输入其域名，对于访问而言，两者是等价的。例如，百度公司 Web 服务器的 IP 地址是 183.232.231.174，其对应的域名是 www.baidu.com，不管用户在浏览器中输入的是 183.232.231.174 还是 www.baidu.com，都可以访问其网站。

应用过程需要在一个主机域名映射为 IP 地址时，就调用域名解析函数，解析函数将待转换的域名放在 DNS 请求中，以 UDP 报文方式发给本地域名服务器。本地的域名服务器查到域名后，将对应的 IP 地址放在应答报文中返回。同时域名服务器还必须具有连向其他服务器的信息以支持不能解析时的转发。若域名服务器不能回答该请求，则此域名服务器就暂时成为 DNS 中的另一个客户，向根域名服务器发出请求解析，根域名服务器一定能找到下面的所有二级域名的域名服务器，这样以此类推，一直向下解析，直到查询到所请求的域名。

在两台计算机通信时，只知道 IP 地址是不够的，因为同一台计算机上跑着多个网络程序。一个 TCP 报文来了之后，到底是交给浏览器还是 QQ，就需要端口号来区分。每个网络程序都向操作系统申请唯一的端口号，这样，两个进程在两台计算机之间建立网络连接就需要各自的 IP 地址和各自的端口号。一个进程也可能同时与多台计算机建立网络连接，因此它会申请很多端口号。

5.2.4 Socket 的网络编程

Python 提供了两个级别访问的网络服务。低级别的网络服务支持基本的 Socket，它提供了标准的 BSD Sockets API，可以访问底层操作系统 Socket 接口的全部方法。高级别的网络服务模块 SocketServer，它提供了服务器中心类，可以简化网络服务器的开发。

Socket 又称"套接字"，应用程序通常通过"套接字"向网络发出请求或应答网络请求，使主机间或一台计算机上的进程间可以通信。

5.2.4.1 基于 TCP 的程序设计

大多数连接都是可靠的 TCP 连接。当创建 TCP 连接时，主动发起连接的叫客户端，被动响应连接的叫服务器。

举个例子，当用户在浏览器中访问百度时，用户自己的计算机就是客户端，浏览器会主动向百度的服务器发起连接。如果一切顺利，百度的服务器接受了用户的连接，则一个 TCP 连接就建立起来了，后面的通信就是发送网页内容。

在 Python 中，我们用 socket()函数来创建套接字，语法格式如下。

```
socket.socket([family[, type[, proto]]])
```

参数说明如下。

family：即套接字家族，可以是 AF_UNIX 或 AF_INET。

type：即套接字类型，可以根据是面向连接的还是面向非连接的分为 SOCK_STREAM 或 SOCK_DGRAM。

proto：一般不填，默认为 0。

在 Python 网络编程中，Socket 对象的常用方法如表 5.1 所示。

表 5.1　Socket 对象的常用方法

方法	说明
s.bind()	绑定地址(host,port)到套接字，在 AF_INET 下，以元组(host,port)的形式表示地址
s.listen()	开始 TCP 监听。backlog 指定在拒绝连接之前，操作系统可以挂起的最大连接数量。该值至少为 1，大部分应用程序设为 5 就可以了
s.accept()	被动接受 TCP 客户端连接，（阻塞式）等待连接的到来
s.connect()	主动初始化 TCP 服务器连接。一般 address 的格式为元组(hostname,port)，如果连接出错，则返回 socket.error 错误
s.connect_ex()	connect()方法的扩展版本，在出错时返回出错码，而不是抛出异常

续表

方法	说明
s.recv()	接收 TCP 数据，数据以字符串形式返回，bufsize 指定要接收的最大数据量。flag 提供有关消息的其他信息，通常可以忽略
s.send()	发送 TCP 数据，将 string 中的数据发送到连接的套接字。返回值是要发送的字节数量，该数量可能小于 string 的字节大小
s.sendall()	完整发送 TCP 数据，将 string 中的数据发送到连接的套接字，但在返回之前会尝试发送所有数据。成功则返回 None，失败则抛出异常
s.recvfrom()	接收 UDP 数据，与 recv()方法类似，但返回值是(data,address)。其中 data 是包含接收数据的字符串，address 是发送数据的套接字地址
s.sendto()	发送 UDP 数据，将数据发送到套接字，address 是形式为(ipaddr,port)的元组，指定远程地址。返回值是发送的字节数量
s.close()	关闭套接字
s.getpeername()	返回连接套接字的远程地址。返回值通常是一个元组(ipaddr,port)
s.getsockname()	返回套接字自己的地址。返回值通常是一个元组(ipaddr,port)
s.settimeout(timeout)	设置套接字操作的超时期，timeout 是一个浮点数，单位是秒。值为 None，表示没有超时期。一般来说，超时期应该在刚创建套接字时设置，因为它们可能用于连接的操作（如 connect()方法）
s.gettimeout()	返回当前超时期的值，单位是秒，如果没有设置超时期，则返回 None

基于 TCP 的编程流程如图 5.2 所示。

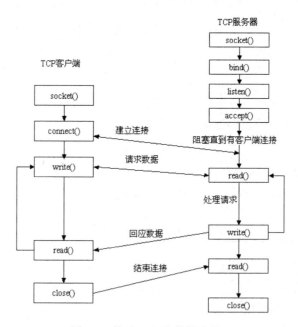

图 5.2　基于 TCP 的编程流程

在编程中，服务器先初始化 Socket，再与端口绑定（bind），对端口进行监听（listen），调用 accept 阻塞，等待客户端连接。在这时假设有个客户端初始化一个 Socket，并连接服务器（connect），如果连接成功，则这时就建立了客户端与服务器的连接。客户端发送数据请求，服务器先接收请求并处理请求，再把回应数据发送给客户端，客户端读取数据，最后关闭连接，一次交互结束。

基于 TCP 网络编程的过程与示例代码如下。

1）服务器程序

```
import socket
#明确配置变量
ip_port = ('127.0.0.1', 9999)
back_log = 5
buffer_sizc = 1024
#创建一个 TCP 套接字
ser = socket.socket(socket.AF_INET, socket.SOCK_STREAM)   #套接字类型 AF_INET,
socket.SOCK_STREAM   TCP 协议，基于流式的协议
    ser.setsockopt(socket.SOL_SOCKET, socket.SO_REUSEADDR, 1)   #对 Socket 的配置重用
IP 地址和端口号
    #绑定端口号
    ser.bind(ip_port)   #写哪个 IP 地址就要运行在哪台机器上
    print("服务器启动,等待客户端...")
    #设置半连接池
    ser.listen(back_log)   #最多可以连接多少个客户端

while 1:
    #阻塞等待，创建连接
    con, address = ser.accept()   #在这个位置进行等待，监听端口号
    while 1:
        try:
            #接受套接字的大小，怎么发就怎么收
            msg = con.recv(buffer_size)
            if msg.decode('utf-8') == '1':
                #断开连接
                con.close()
            print('服务器收到的消息是：', msg.decode('utf-8'))
        except Exception as e:
            break
#关闭服务器
ser.close()
```

2）客户端程序

```
import socket

p = socket.socket(socket.AF_INET, socket.SOCK_STREAM)
p.connect(('127.0.0.1', 9999))
while 1:
```

```
    msg = input('please input: ')
    #防止输入空消息
    if not msg:
        continue
    p.send(msg.encode('utf-8'))   #收发消息一定要使用二进制数，记得编码
    if msg == '1':
        break
p.close()
```

先启动服务器，显示如下：

```
服务器启动,等待客户端...
```

客户端启动后，输入的内容如图 5.3 所示。

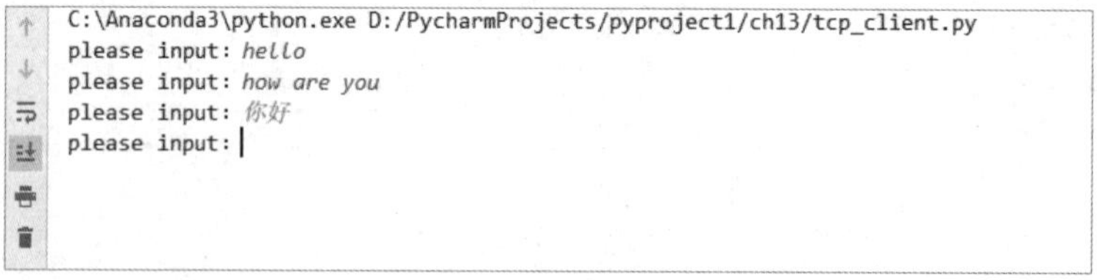

```
C:\Anaconda3\python.exe D:/PycharmProjects/pyproject1/ch13/tcp_client.py
please input: hello
please input: how are you
please input: 你好
please input: |
```

图 5.3　输入的内容

服务器收到消息后，控制台显示的内容如图 5.4 所示。

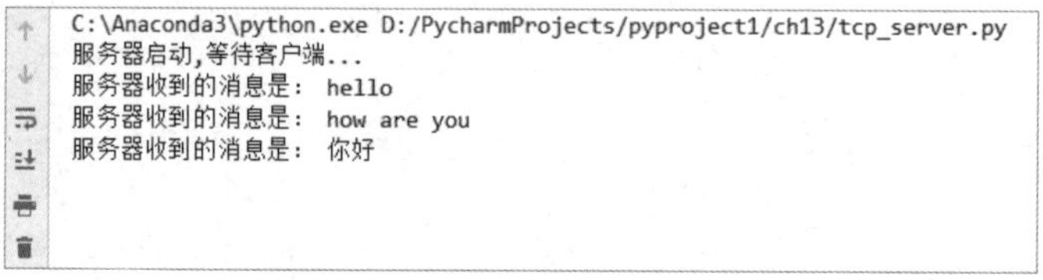

```
C:\Anaconda3\python.exe D:/PycharmProjects/pyproject1/ch13/tcp_server.py
服务器启动,等待客户端...
服务器收到的消息是： hello
服务器收到的消息是： how are you
服务器收到的消息是： 你好
```

图 5.4　控制台显示的内容

5.2.4.2　基于 UDP 的程序设计

TCP 通过建立可靠的通信连接来进行数据传输，并且通信双方都可以以流的形式发送数据。相对于 TCP，UDP 则是面向无连接的协议。在使用 UDP 协议时，不需要建立连接，只需要知道对方的 IP 地址和端口号，就可以直接发送数据包。但是，能不能到达就不知道了。

虽然用 UDP 传输数据不可靠，但它的优点是传输速度比 TCP 快，对于不要求可靠到达的数据，就可以使用 UDP 协议。UDP 协议传输数据和 TCP 类似，使用 UDP 的通信双方也分为客户端和服务器。服务器首先需要绑定端口，示例代码如下：

```
s = socket.socket(socket.AF_INET, socket.SOCK_DGRAM)
#绑定端口:
s.bind(('127.0.0.1', 9999))
```

在创建 Socket 时，SOCK_DGRAM 指定这个 Socket 的类型是 UDP。绑定端口和 TCP 一样，但是不需要调用 listen()方法，而是直接接收来自任何客户端的数据。示例代码如下：

```
print('Bind UDP on 9999...')
while True:
    #接收数据:
    data, addr = s.recvfrom(1024)
    print('Received from %s:%s.' % addr)
    s.sendto(b'Hello, %s!' % data, addr)
```

recvfrom()方法返回数据和客户端的地址与端口，这样，服务器接收到数据后，直接调用 sendto()方法就可以使用 UDP 把数据发给客户端。

在客户端使用 UDP 时，首先仍然创建基于 UDP 的 Socket，然后不需要调用 connect()方法，直接通过 sendto()方法给服务器发送数据。示例代码如下：

```
s = socket.socket(socket.AF_INET, socket.SOCK_DGRAM)
for data in [b'apple', b'orange', b'banana']:
    #发送数据:
    s.sendto(data, ('127.0.0.1', 9999))
    #接收数据:
    print(s.recv(1024).decode('utf-8'))
s.close()
```

从服务器接收数据仍然调用 recv()方法。

5.2.5　网络协议和数据包解析

在网络通信中，数据通常以数据包的形式进行传输。了解网络协议和数据包的结构是进行网络编程和数据包解析的关键。本节将详细介绍网络协议和数据包解析的相关概念，并展示使用 Python 进行数据包解析的实际操作过程。

网络协议是指定义数据在计算机网络中传输的格式和规则的约定。常见的网络协议包括 TCP/IP 协议、HTTP 协议、FTP 协议等。TCP/IP 协议是互联网通信的基础协议，它提供了可靠的数据传输和网络连接的功能。HTTP 协议是超文本传输协议，用于在客户端和服务器之间传输超文本文档。FTP 协议是文件传输协议，用于在客户端和服务器之间进行文件的上传和下载。

数据包是网络通信中传输的基本单位，包含了数据内容和相关的控制信息。数据包通常包含头部和载荷两部分。头部包含了标识和控制数据包的字段，载荷则是实际要传输的数据。不同的网络协议和数据包类型具有不同的结构和字段，需要根据具体协议进行解析和处理。数据包的结构和字段因协议的不同而有所差异。

在以太网数据包的结构中，包含了以下字段。

- 目标 MAC 地址：指定了数据包的目标设备的物理地址。
- 源 MAC 地址：指定了数据包的发送设备的物理地址。
- 类型/长度：指定了数据包携带的上层协议的类型或数据长度。
- 数据：实际要传输的数据。
- CRC 校验：用于验证数据包的完整性。

这只是以太网数据包的一个简单说明，不同的网络协议有着不同的数据包结构和字段。例如，IP 数据包包含了源 IP 地址和目标 IP 地址等字段；TCP 数据包包含了源端口号和目标端口号等字段。

在进行数据包解析时，需要根据具体协议的规范，解析相应的字段并提取所需的信息。具体的字段结构和含义可以参考相应协议的规范文档或相关资料。

使用 Python 进行数据包解析时，Python 提供了许多库和模块用于数据包解析，如 struct、dpkt 等。struct 模块用于处理二进制数据，可以解析和打包不同数据类型的字段。dpkt 模块是一个强大的数据包解析模块，支持多种常见的网络协议，如 Ethernet、IP、TCP、UDP 等。

数据包解析的实际操作过程如下。

- 导入所需的解析库和模块，如 struct 和 dpkt。
- 打开待解析的数据包文件或接收到的网络数据。
- 根据数据包的结构，使用相应的解析方法与函数解析和提取所需的信息。
- 对解析得到的字段进行进一步的处理和分析，如输出字段值、统计数据等。

使用 Python 的 dpkt 模块来解析以太网数据包。假设有一个名为"packet.pcap"的数据包文件，解析其中的以太网头部信息，下面将提供简单的示例代码。

首先，确保已经安装了 dpkt 模块。可以使用以下命令通过 pip 进行安装：

```
pip install dpkt
```

然后，可以编写如下的 Python 代码来解析数据包：

```python
import dpkt
#打开数据包文件
with open('packet.pcap', 'rb') as file:
    pcap = dpkt.pcap.Reader(file)

    #遍历数据包
    for timestamp, buf in pcap:
        try:
            #解析以太网帧
            eth = dpkt.ethernet.Ethernet(buf)

            #提取以太网头部信息
            src_mac = ':'.join('%02x' % b for b in eth.src)
```

```
        dst_mac = ':'.join('%02x' % b for b in eth.dst)
        eth_type = hex(eth.type)

        #输出以太网头部信息
        print('Source MAC:', src_mac)
        print('Destination MAC:', dst_mac)
        print('Ethernet Type:', eth_type)
        print('---')
    except dpkt.dpkt.NeedData:
        break
```

在上述示例代码中，首先，使用了 dpkt 模块的 pcap.Reader 来读取数据包文件。然后，遍历每个数据包，并使用 dpkt 模块的 ethernet.Ethernet 来解析以太网帧。最后，从以太网帧中提取源 MAC 地址、目标 MAC 地址和以太网类型，并将其输出。

注意：此示例只是一个简单的演示，实际的数据包解析可能涉及更多的协议和字段解析。在实践中，可以根据具体需求和数据包类型进行更详细的解析操作。要运行此示例，需要具有合适的数据包文件，并且已经安装了 dpkt 模块。

5.3　网络防御与攻击防范

网络安全是保护计算机网络免受未经授权的访问、损坏、攻击或数据泄露的一系列措施。本节将重点介绍网络防御与攻击防范的关键概念和技术。

5.3.1　防火墙与网络安全策略

防火墙是网络安全的关键组件，它起着保护计算机网络免受未经授权的访问和恶意攻击的作用。防火墙位于网络边界，负责监控和控制进出网络的数据流量。下面我们将更详细地了解防火墙的功能和网络安全策略的重要性。

防火墙通过检查数据包并根据预定义的规则和策略来决定是否允许数据包通过。它可以执行以下功能。

- 数据包过滤：防火墙可以根据源 IP 地址、目标 IP 地址、端口号和协议类型等条件过滤传入和传出的数据包。它可以阻止不符合规则的数据包进入或离开网络。
- 状态检测：防火墙可以跟踪网络连接的状态，检测和阻止非法或不被允许的连接尝试。
- 网络地址转换（NAT）：防火墙可以对网络地址进行转换，隐藏内部网络的真实 IP 地址，提高网络的安全性。

- 代理服务：防火墙可以充当代理服务器，处理内部网络与外部网络之间的通信，控制和审查流量问题。

网络安全策略是组织为保护其网络而制定的一组规则和措施。一般可以通过授权和访问控制，定义哪些用户、系统或服务可以访问网络资源，并限制其权限，这包括分配用户身份和权限、使用身份验证方法等。还可以使用数据包过滤规则，在里面定义防火墙的过滤规则，确定允许通过防火墙的数据包类型和条件。这些规则基于源和目标地址、端口号、协议类型等参数进行过滤。也能够使用安全策略审查和更新，定期审查和更新网络安全策略，以适应新的威胁和技术发展。这确保网络安全策略与最新的安全标准和最佳实践保持一致。

网络安全策略需要根据组织的需求和风险评估进行制定。它们应该与业务需求和合规要求相一致，并为组织提供适当的安全防御措施。

5.3.2　入侵检测与入侵防御系统

入侵检测与入侵防御系统是网络安全中的重要组成部分，用于监测和防止恶意入侵活动。它们通过检测异常行为、恶意软件和网络攻击等来保护网络免受未经授权的访问和破坏。下面将使读者更详细地了解入侵检测与入侵防御系统的原理和功能。

1．入侵检测系统（IDS）

入侵检测系统是一种监测网络流量并检测潜在入侵活动的安全设备。它使用各种技术和方法来检测异常行为、恶意软件和网络攻击等。主要有以下几种类型的入侵检测系统。

- 签名型 IDS：基于已知攻击的特征或模式进行匹配，通过比对预定义的签名数据库来识别已知的攻击行为。
- 行为型 IDS：通过对网络流量和系统活动进行实时监测和分析，识别出与正常行为不符的异常活动，包括异常流量、异常连接和异常协议使用等。
- 异常检测型 IDS：建立基于正常网络流量和系统活动的行为模型，当检测到与模型不匹配的活动时，将其视为潜在的入侵行为。

2．入侵防御系统（IPS）

入侵防御系统是在检测到入侵活动后采取自动阻止措施或响应措施的系统。它可以主动防御和保护网络资源免受恶意攻击。入侵防御系统的主要功能如下。

- 阻止恶意流量：在检测到恶意流量或攻击行为时，自动采取阻止措施，防止恶意流量进一步传播和造成损害。
- 响应与处理：在检测到入侵行为后，及时采取响应措施，如断开连接、发送警报或通知安全管理员等。

- 自动修复：入侵防御系统可以自动修复已知的漏洞或弱点，减少攻击的成功率。
- 日志记录与分析：入侵防御系统记录和分析入侵活动的日志信息，用于调查和分析入侵事件，改进网络安全策略。

入侵检测与入侵防御系统通常结合使用，形成一种完整的网络安全防护机制。它们能够检测和阻止各种类型的攻击，包括网络扫描、拒绝服务攻击、恶意软件传播等。同时，它们提供实时的警报和通知，使网络管理员能够快速采取相应的措施来应对入侵事件。

5.3.3　安全认证与访问控制

安全认证与访问控制是网络安全中的关键概念，用于确保只有经过授权的用户能够访问特定的资源或系统。本节将详细介绍安全认证与访问控制的原理及如何使用 Python 实现相关功能。

1．安全认证

安全认证是验证用户身份的过程，确保只有经过身份验证的用户才能获得访问权限。常见的安全认证方法如下。

- 用户名和密码认证：用户提供用户名和密码进行验证。在服务器中，可以使用 Python 编写代码来验证用户提供的凭据，并与存储在数据库中的凭据进行比对。
- 双因素认证：除了用户名和密码，还要求用户提供第二个因素，如手机验证码、指纹识别等。Python 可以用于生成和验证这些第二个因素。
- 公钥基础设施（PKI）：使用非对称加密算法，通过公钥和私钥进行身份验证。Python 的加密库可以用于生成和验证密钥对，并进行加密和解密操作。

2．访问控制

访问控制是控制用户对资源或系统的访问权限的过程。它基于用户身份和授权规则来决定哪些用户可以访问特定资源，以及可以执行哪些操作。常见的访问控制方法如下。

- 角色-Based 访问控制（RBAC）：给用户分配不同的角色，并给予每个角色不同的权限。Python 可以用于实现 RBAC 模型，包括定义角色、分配权限和验证用户角色等操作。
- 访问控制列表（ACL）：为每个资源定义一个访问控制列表，包含允许或拒绝访问该资源的用户列表。Python 可以用于读取和修改 ACL，并根据用户身份验证用户是否有权访问资源。
- 动态访问控制：基于用户的当前上下文和环境动态地决定其访问权限。Python 可以用于编写规则引擎或决策引擎，根据用户的上下文和策略来评估和控制访问权限。

Python 提供了丰富的库和框架来支持安全认证和访问控制的实现。例如，Flask-Login 和 Django 等 Web 框架提供了用户认证和授权的功能，可以轻松实现用户登录和访问控制。另外，PyJWT 和 cryptography 等库可用于处理身份验证令牌和加密操作。

安全认证与访问控制是保护系统和资源免受未经授权访问的关键措施。通过合理使用 Python 编程和相关库，可以实现安全认证与访问控制功能，提高系统的安全性，保护用户的隐私。

5.4 网络流量分析与漏洞扫描

5.4.1 网络流量分析工具与技术

网络流量分析是一项重要的任务，用于监测和分析网络中的数据流。这一节将介绍一些常用的网络流量分析工具与技术，以帮助读者理解和应用网络流量分析的概念。

1. 抓包工具

抓包工具用于捕获网络流量并将其保存到文件中，以供后续分析。以下是一些常用的抓包工具。

- Wireshark：一款功能强大的开源网络分析工具，支持多种协议的分析和解码。它提供了直观的界面和丰富的过滤器选项，方便用户查看和分析网络流量。
- tcpdump：一个命令行抓包工具，可用于捕获和显示网络流量。它支持各种过滤器选项，并可以将捕获的数据保存到文件中供后续分析。

2. 流量解析工具

流量解析工具用于解析网络数据包，提取所需的信息并进行分析。以下是一些常用的流量解析工具。

- Scapy：一个功能强大的网络数据包操作库，可以用于创建、发送和解析网络数据包。它提供了丰富的功能，包括数据包的创建、修改和解析，以及网络流量的分析和探测。
- dpkt：一个 Python 库，用于解析和操作网络数据包。它支持多种协议的解析，如 TCP、UDP、IP、HTTP 等，可用于从网络抓包文件中提取所需的信息。

3. 数据分析工具

数据分析工具可以用于对网络流量数据进行可视化、统计和挖掘，以发现异常模式和行为。以下是一些常用的数据分析工具。

- pandas：一个强大的数据分析库，提供了灵活且高效的数据结构和数据分析功能。它可以帮助用户对网络流量数据进行数据清洗、转换、统计和可视化。
- Matplotlib：一个用于绘制数据图表和可视化的库，可用于绘制网络流量数据的图表和图形。

通过使用这些工具和技术，在实践中可以对网络流量进行捕获、解析和分析，以发现潜在的网络安全问题、异常行为和攻击。同时，可以利用数据分析工具进行统计和可视化，以获得对网络流量的更深入理解。这些工具和技术的综合应用可以提高网络安全监测和评估的能力，从而更好地保护系统和数据的安全。

5.4.2　使用 Python 进行网络流量分析

网络流量分析是保护网络安全的重要环节，使用 Python 编程语言可以帮助简化和自动化网络流量的捕获、解析和分析过程。本节将介绍如何使用 Python 进行网络流量分析，并提供相关的操作过程示例。

1．捕获网络流量

使用 Python 可以通过调用相关库或工具来捕获网络流量。常用的库包括 Scapy 和 dpkt。下面是一个使用 Scapy 库捕获网络流量的示例，代码如下：

```
from scapy.all import *
#定义回调函数处理捕获的数据包
def packet_callback(packet):
    print(packet.summary())   #打印数据包摘要信息
#开始捕获网络流量
sniff(prn=packet_callback, count=10)   #捕获并处理 10 个数据包
```

在上面的代码中，我们使用 Scapy 库的 sniff()函数来捕获网络流量，并通过回调函数 packet_callback()处理每个被捕获的数据包。可以根据需要在回调函数中自定义对数据包的处理操作。

2．解析和分析数据包

对捕获的网络流量进行解析和分析，以提取有用的信息并进行进一步处理。下面是一个使用 dpkt 库解析和分析数据包的示例，代码如下：

```
import dpkt

#打开捕获的 pcap 文件
with open('capture.pcap', 'rb') as file:
    pcap = dpkt.pcap.Reader(file)
```

```
#遍历每个数据包进行解析和分析
for timestamp, packet_data in pcap:
    eth = dpkt.ethernet.Ethernet(packet_data)

    #检查以太网帧的类型
    if eth.type == dpkt.ethernet.ETH_TYPE_IP:
        ip = eth.data

        #检查IP协议的类型
        if ip.p == dpkt.ip.IP_PROTO_TCP:
            tcp = ip.data

            #获取源IP地址、目标IP地址和端口号等信息
            src_ip = dpkt.inet_ntoa(ip.src)
            dst_ip = dpkt.inet_ntoa(ip.dst)
            src_port = tcp.sport
            dst_port = tcp.dport

            #进行进一步的分析和处理
            #...
```

在上面的代码中，我们使用 dpkt 库打开捕获的 pcap 文件，并通过循环遍历每个数据包进行解析和分析。可以根据数据包的类型（如以太网帧、IP 协议、TCP/UDP 协议等）提取相应的信息，并进行进一步的分析和处理。

3. 数据分析和可视化

使用 Python 的数据分析库，如 pandas 和 Matplotlib，可以对网络流量数据进行进一步的分析和可视化。下面是一个简单的示例，代码如下：

```
import pandas as pd
import matplotlib.pyplot as plt

#读取网络流量数据到 DataFrame 中
data = pd.read_csv('flow_data.csv')

#进行数据分析和统计
#...

#进行数据可视化
#...
```

在上面的代码中，首先使用 pandas 库读取网络流量数据到 DataFrame 中，并可以使用各种数据分析和统计函数进行进一步的分析。然后使用 Matplotlib 库绘制图表和图形来可视化分析结果。

通过使用 Python 进行网络流量分析，可以更加灵活和高效地捕获、解析和分析网络流量数据，并利用数据分析和可视化工具进行深入的分析和理解。这样可以帮助用户及时发现网络安全问题、异常行为和潜在的漏洞，以采取适当的措施确保网络和系统的安全性。

5.4.3　漏洞扫描工具与实践

漏洞扫描是评估计算机系统、网络或应用程序中存在的安全漏洞和弱点的过程。以下是一些常用的漏洞扫描工具。

- Nessus：一款功能强大的商业漏洞扫描工具，可对网络和主机进行全面扫描，并提供详细的报告和建议。
- OpenVAS：一款开源的漏洞扫描工具，具有类似于 Nessus 的功能，可用于发现和评估系统中的漏洞。
- Nikto：一款用于扫描 Web 服务器和应用程序的开源工具，可检测常见的漏洞和配置错误。
- Nmap：一款多功能的网络扫描工具，可用于发现网络上的主机和开放的端口，也可用于扫描常见的漏洞。
- Metasploit：一款功能强大的渗透测试工具，可模拟攻击并检测系统中的漏洞。

这些工具提供了自动化的漏洞扫描功能，并生成详细的报告和建议，帮助安全专业人员识别和修复系统中的漏洞。在进行漏洞扫描时，需要遵循一些实践方法，以确保有效性和合规性。

- 确定扫描目标：明确要扫描的目标，如网络、主机或应用程序。
- 定期扫描：漏洞扫描应定期执行，以确保及时发现和修复新的漏洞。
- 结果分析：仔细分析扫描结果，深入了解漏洞的严重程度和可能产生的影响。
- 修复漏洞：针对扫描结果中发现的漏洞，制订修复计划并及时修复。
- 报告和记录：生成详细的扫描报告，记录发现的漏洞和采取的措施。

在操作中也可以使用 Python 进行漏洞扫描。Python 是一种功能强大的编程语言，可用于编写自定义的漏洞扫描工具。通过使用 Python，可以自定义扫描逻辑、利用已有的扫描库或 API，并生成符合自身需求的报告。以下是一个使用 Python 进行端口扫描的简单示例，代码如下：

```
import socket
target = 'example.com'
```

```
port = 80
def scan_port(target, port):
    try:
        sock = socket.socket(socket.AF_INET, socket.SOCK_STREAM)
        sock.settimeout(1)
        result = sock.connect_ex((target, port))
        if result == 0:
            print(f'Port {port} is open')
        else:
            print(f'Port {port} is closed')
        sock.close()
    except socket.error:
        print('Error occurred while scanning port')

scan_port(target, port)
```

这段代码使用 Python 的 socket 模块创建一个 TCP 套接字，并尝试连接指定的目标主机和端口。根据连接的结果，判断端口是开放的还是关闭的，并输出相应的信息。

注意：在自行编写漏洞扫描工具时，务必遵守适用的法律法规和道德准则，并仅对经授权的目标进行扫描。

实践任务：构建安全的聊天室应用程序

【需求分析】

本实践任务需要设计并实现一个安全的聊天室应用程序，程序具备以下功能。

- 用户注册：用户可以输入用户名和密码进行注册。
- 用户登录：已注册的用户可以使用用户名和密码进行登录。
- 聊天功能：登录后的用户可以发送加密消息给其他在线用户，并接收其他用户发送的加密消息。

【实现思路】

- 设计客户端-服务器架构：使用基于 TCP 的套接字编程实现客户端和服务器之间的安全通信。
- 用户注册与登录：提供用户注册和登录功能，将用户信息存储到服务器的数据库中，并确保用户密码的安全存储。
- 数据加密：在客户端和服务器之间进行数据加密与解密，确保传输的消息内容安全。
- 身份验证：在用户登录过程中进行身份验证，确保只有合法用户可以访问聊天功能。

【参考代码】

参考代码并非任务实现的全部代码，具体实现过程需要修改和完善代码。

服务器参考代码如下：

```python
import socket
import threading
from Crypto.Cipher import AES

#服务器密钥，确保客户端和服务器使用相同的密钥
key = b'mysecretkey12345'

HOST = 'localhost'
PORT = 8000

clients = []
lock = threading.Lock()

def broadcast(message):
    for client in clients:
        client.send(encrypt(message))

def encrypt(message):
    cipher = AES.new(key, AES.MODE_EAX)
    nonce = cipher.nonce
    ciphertext, tag = cipher.encrypt_and_digest(message.encode('utf-8'))
    return nonce + ciphertext + tag

def decrypt(encrypted_message):
    nonce = encrypted_message[:16]
    ciphertext = encrypted_message[16:-16]
    tag = encrypted_message[-16:]
    cipher = AES.new(key, AES.MODE_EAX, nonce)
    plaintext = cipher.decrypt_and_verify(ciphertext, tag)
    return plaintext.decode('utf-8')

def handle_client(client):
    while True:
        try:
            encrypted_message = client.recv(1024)
            message = decrypt(encrypted_message)
            broadcast(message)
        except:
```

```
            index = clients.index(client)
            clients.remove(client)
            client.close()
            broadcast(f'User {index} has left the chat')
            break

def start_server():
    server = socket.socket(socket.AF_INET, socket.SOCK_STREAM)
    server.bind((HOST, PORT))
    server.listen()

    while True:
        client, addr = server.accept()
        lock.acquire()
        clients.append(client)
        lock.release()
        broadcast(f'New user connected: {addr}')
        client.send(encrypt('Welcome to the secure chat room!'))
        client_thread = threading.Thread(target=handle_client, args=(client,))
        client_thread.start()

start_server()
```

客户端参考代码如下:

```
import socket
import threading
from Crypto.Cipher import AES

#客户端密钥，确保客户端和服务器使用相同的密钥
key = b'mysecretkey12345'

HOST = 'localhost'
PORT = 8000

def receive_messages(client):
    while True:
        try:
            encrypted_message = client.recv(1024)
            message = decrypt(encrypted_message)
            print(message)
        except:
            print('An error occurred while receiving messages.')
            client.close()
```

```
                break

    def send_message(client):
        while True:
            try:
                message = input()
                client.send(encrypt(message))
            except:
                print('An error occurred while sending the message.')
                client.close()
                break

    def encrypt(message):
        cipher = AES.new(key, AES.MODE_EAX)
        nonce = cipher.nonce
        ciphertext, tag = cipher.encrypt_and_digest(message.encode('utf-8'))
        return nonce + ciphertext + tag

    def decrypt(encrypted_message):
        nonce = encrypted_message[:16]
        ciphertext = encrypted_message[16:-16]
        tag = encrypted_message[-16:]
        cipher = AES.new(key, AES.MODE_EAX, nonce)
        plaintext = cipher.decrypt_and_verify(ciphertext, tag)
        return plaintext.decode('utf-8')

    def start_client():
        client = socket.socket(socket.AF_INET, socket.SOCK_STREAM)
        client.connect((HOST, PORT))
        receive_thread = threading.Thread(target=receive_messages,
args=(client,))
        send_thread = threading.Thread(target=send_message, args=(client,))
        receive_thread.start()
        send_thread.start()

    start_client()
```

注意：此示例仅提供了基本的功能和实现思路，通过使用 AES 加密算法对消息进行加密和解密，确保消息内容在传输过程中的安全性。系统还可以进行扩展，通过在服务器中进行用户身份验证和仅允许已注册用户访问聊天功能，增强了系统的安全性。在编程过程中可以根据实际需求进行功能的扩展和改进，如增加用户密码哈希存储、用户在线状态管理等。同时，建议在实际应用中使用更为安全和可靠的加密算法和身份验证机制，确保系统的整体安全性。

评价项	评价内容	得分
代码分析	代码思路分析	
代码设计	代码算法设计	
代码编写	功能实现与代码规范	
代码测试	测试用例	

本章主要介绍了网络与数据传输安全的概念、基本原则及相关技术和工具，使读者了解到网络安全在当今数字化时代的重要性，并深入探讨了保护数据传输安全的重要性。

首先，在网络与数据传输安全概述的部分中，明确了数据传输的基本概念，包括数据包、协议和端口等，并介绍了常见的数据传输方式。还让读者了解到常见的网络威胁和风险，如网络攻击、数据泄露和恶意软件，并强调了解这些威胁和风险对于制定有效的网络安全策略的重要性。

其次，在 Python 中的网络编程基础部分中，了解了 Socket 的网络编程，包括建立连接、发送和接收数据等操作。还探讨了网络协议和数据包解析的概念，理解了如何解析和处理网络中的数据包。

再次，在网络防御与攻击防范部分中，重点介绍了防火墙与网络安全策略的概念，了解了如何使用防火墙来保护网络安全。还学习了入侵检测与入侵防御系统的原理和功能，并探讨了安全认证与访问控制的重要性。

最后，在网络流量分析与漏洞扫描部分中，了解了常用的网络流量分析工具与技术，并学习了使用 Python 进行网络流量分析的操作。还介绍了漏洞扫描工具与实践，帮助读者识别和修复系统中存在的安全漏洞。

1. TCP 和 UDP 的区别是什么？
2. 简要介绍三次握手和四次挥手。

3．请解释什么是网络流量分析，并介绍至少两种常用的网络流量分析工具。

4．基于套接字的 TCP 网络编程服务器和客户端的步骤有哪些？

5．基于套接字的 UDP 网络编程服务器和客户端的步骤有哪些？

6．使用 TCP 网络编程实现服务器通过多线程方式来处理和多个客户端的请求。

7．使用 Python 编写一个简单的网络流量分析程序，读取网络数据包并提取关键信息。

第6章

数据存储与安全

本 章 简 介

本章将探讨数据存储与安全的重要性，介绍如何在 Python 中进行文件和数据库操作，并实施相关的数据安全措施。首先，将学习文件存储基础、Python 中的文件操作，并了解如何安全地读写文件。然后，将深入研究数据库存储和 Python 操作数据库，包括数据库连接与查询等。本章还将讨论数据库安全，并探讨加密、访问控制和权限管理等相关操作。在安全地使用数据库方面，将着重介绍预防数据库注入攻击的方法，以及如何进行安全编码实践。此外，还将探讨数据库的权限管理、数据库备份与恢复等内容。本章的实践任务是简易的学生信息管理系统数据库设计与操作，其中包含数据库的设计、数据库安全设计，以及数据备份与恢复功能的实现。

学 习 目 标

☑ 理解文件存储的基础知识，包括文件读取和写入操作。

☑ 掌握在 Python 中对文件的操作方法，包括读取、写入和修改文件内容。

☑ 了解文件数据安全的重要性，学习如何安全地读写文件，包括数据加密和访问控制。

☑ 理解数据库存储的基础知识，包括数据库的概念和常见类型（SQL 和 NoSQL）。

☑ 学习使用 Python 进行数据库操作，包括连接数据库、执行查询和更新操作。

☑ 理解数据库安全的重要性，学习数据库加密、访问控制和权限管理的方法。

素 养 目 标

培养读者的数据安全意识和责任感，使其具备正确的数据存储和操作的能力，能够保护个人隐私和敏感数据，同时能遵守法律和道德规范。具体目标如下。

● 了解数据安全的重要性：通过学习文件存储和数据库操作的基础知识，读者能够认识到数据安全对个人、组织和社会的重要性，明确数据泄露和不当操作可能带来的风险和后果。

- 掌握数据安全的基本原则：读者能够理解和应用数据安全的基本原则，如数据加密、访问控制、权限管理、备份与恢复等，以保护数据的机密性、完整性和可用性。
- 意识到数据安全的伦理和法律问题：读者将了解数据隐私权、知识产权和合规性等伦理和法律问题，尊重个人数据和他人数据，明确正确的数据处理行为和规范。
- 培养安全意识和责任感：通过学习数据库安全和操作安全的方法，读者将意识到数据安全是一个持续的过程，需要持续管理和保护。培养读者的安全意识和责任感，鼓励读者主动采取措施来保护自己和他人的数据。

6.1 文件存储与 Python 操作

6.1.1 文件存储基础

文件存储是计算机系统中常见的数据持久化方式之一。在计算机中，文件是指存储在磁盘、固态硬盘或其他存储介质上的数据集合，可以包含文本、图像、音频、视频等各种类型的信息。文件存储的基本单位是字节，每个文件都由一系列字节组成。

文件系统是操作系统中负责管理和组织文件的一部分。它提供了一组文件操作接口，使得用户和应用程序能够方便地读取、写入和处理文件。文件系统通过文件路径来唯一标识和访问文件。文件路径是一个描述文件在文件系统中位置的字符串，它可以包含文件名、目录名和文件系统的根目录等信息。

【基本概念】

- 文件名：文件名是文件在文件系统中的唯一标识符。它通常由字符、数字和特殊符号组成，用于区分不同的文件。
- 扩展名：扩展名是文件名中最后一个点（.）之后的部分，用于表示文件的类型或格式。例如，文件 "document.txt" 的扩展名是 "txt"，表示它是一个文本文件。
- 文件路径：文件路径是一个描述文件在文件系统中位置的字符串。它可以是绝对路径或相对路径。绝对路径是从文件系统的根目录开始的完整路径，而相对路径是相对于当前工作目录的路径。
- 目录：目录是用于组织和存储文件的容器。它可以包含文件和其他目录，形成一个层次结构。目录可以嵌套，创建了一个文件系统的树形结构。
- 文件大小：文件大小是指文件所占用的存储空间大小，通常以字节（Byte）为单位。文件大小取决于文件中的数据量和文件系统的存储方式。
- 文件访问权限：文件访问权限规定了对文件的访问权限和操作权限。它包括读取权限、写入权限和执行权限等，可以控制谁可以读取、写入和执行文件。

文件存储是数据在计算机系统中长期保存的一种形式，它允许用户和应用程序以持久化的方式处理和访问数据。在日常的计算机使用中，文件存储扮演着重要的角色，如存储文档、保存配置文件、存储媒体文件等。了解文件存储的基础知识是进行文件操作和数据安全的基础。

6.1.2　Python 中的文件操作

Python 提供了丰富的文件操作功能，使用户能够方便地读取、写入和处理文件。本节将详细介绍在 Python 中进行文件操作的步骤。

1．打开文件

在 Python 中，使用内置的 open()函数来打开文件。open()函数接收文件路径和打开模式作为参数，并返回一个文件对象，用于后续的文件操作。打开模式可以是只读模式（'r'）、写入模式（'w'）、追加模式（'a'）等。示例代码如下：

```
file = open('file.txt', 'r')  #打开名为"file.txt"的文件，以只读模式打开
```

2．读取文件内容

通过文件对象可以进行文件内容的读取操作。常见的读取方法有 read()、readline()和 readlines()。read()方法将文件中的所有内容作为一个字符串返回，readline()方法读取文件的一行内容并返回，而 readlines()方法将文件的每行作为一个元素存储在列表中返回。示例代码如下：

```
content = file.read()        #读取文件的所有内容
line = file.readline()       #读取文件的一行内容
lines = file.readlines()     #读取文件的所有行，存储在列表中
```

3．写入文件内容

如果文件以写入模式（'w'）或追加模式（'a'）打开，则可以使用 write()方法将内容写入文件中。write()方法接收一个字符串作为参数，将其写入文件中。示例代码如下：

```
file.write('Hello, World!')  #将字符串写入文件中
```

4．关闭文件

在文件操作完成后，需要显式地关闭文件，以释放资源并确保文件操作的完整性。可以使用文件对象的 close()方法来关闭文件。示例代码如下：

```
file.close()  #关闭文件
```

通过以上的步骤，用户可以在 Python 中进行基本的文件操作。需要注意的是，在实际使用中，应该养成良好的习惯，在打开文件后始终记得关闭文件，以避免资源泄露和数据

丢失。以下是一个完整的示例，演示了如何打开文件、读取文件内容并关闭文件。示例代码如下：

```
#打开文件
file = open('file.txt', 'r')

#读取文件内容
content = file.read()
print(content)

#关闭文件
file.close()
```

在这个示例中，以只读模式打开名为"file.txt"的文件，并使用 read()方法读取文件的内容，最后关闭文件。用户可以根据自己的需求和文件类型来选择适当的打开模式和读取方法。

6.1.3　安全地读写文件

在处理文件时，数据的安全性是非常重要的。下面将讨论如何安全地读写文件，以确保文件操作的完整性和保护数据的安全。

在打开文件之前，应该对文件路径进行验证和处理，以确保文件的合法性和安全性。验证文件路径包括检查文件路径是否存在、是否具有正确的文件扩展名等。处理文件路径可以使用绝对路径，避免使用相对路径，以降低路径遍历攻击（Path Traversal Attack）的风险。

在文件操作过程中，可能会发生各种异常，如文件不存在、权限不足等。为了保证程序的稳定性和数据的完整性，应该合理地处理这些异常情况。使用异常处理机制，如 try-except 语句块，可以捕获并处理可能发生的异常，避免程序崩溃或数据丢失。

对于包含敏感数据的文件，可以考虑使用加密技术来保护数据的安全性。加密可以将文件内容转换为不可读的形式，只有掌握正确的密钥才能解密。常见的加密算法有 AES、RSA 等。在读取和写入文件之前，需要进行相应的加密和解密操作。

在某些情况下，可能需要限制对文件的访问权限，以确保只有授权用户或程序可以读取或写入文件。可以使用操作系统提供的文件访问控制列表（ACL）或权限设置来管理文件的访问权限。在 Python 中，也可以使用相关的库来实现文件的访问控制功能。

通过以上的安全措施，可以在文件操作中提高数据的安全性和完整性。根据实际需求，可以选择适当的安全措施来保护文件中的数据。同时，用户应该时刻关注最新的安全技术和漏洞，及时更新和应用相关的安全措施，以提高文件操作的安全性。

6.2 数据库存储与 Python 操作数据库

6.2.1 数据库基础知识

数据库是一种用于存储和管理大量结构化数据的软件系统。它提供了一种有效的方式来组织、存储和检索数据，以满足各种应用程序的需求。在数据库中，数据按照特定的结构和规则进行组织，以便存储和查询。

【数据库知识回顾】

- 数据库管理系统（Database Management System，DBMS）：一种用于管理数据库的软件系统。它提供了创建、修改、存储和查询数据库的功能，并确保数据的完整性、一致性和安全性。常见的数据库管理系统有 MySQL、PostgreSQL、Oracle 等。
- 关系型数据库（Relational Database）：一种基于关系模型的数据库。数据以表格的形式组织，每个表包含多个行和列，行表示数据记录，列表示数据字段。关系型数据库使用结构化查询语言（Structured Query Language，SQL）来操作和查询数据。
- 非关系型数据库（Non-Relational Database）：一种不使用表格和 SQL 的数据库系统。它使用其他数据结构来组织和存储数据，如键-值对（Key-Value）、文档（Document）、列族（Column-Family）等。非关系型数据库通常具有更好的可伸缩性和性能。
- 表（Table）：表是关系型数据库中存储数据的基本单位。表由多个行和列组成，每行表示一条数据记录，每列表示一个数据字段。表的结构由字段名、数据类型和约束条件定义。
- 行（Row）：行是表中的一条数据记录。每行由多个字段组成，每个字段存储着特定的数据。
- 列（Column）：列是表中的一个数据字段，用于存储特定类型的数据。每列具有一个字段名和数据类型。
- 主键（Primary Key）：主键是表中唯一标识每条数据记录的字段或字段组合。它用于保证数据的唯一性和完整性，常用于数据的查找和关联。
- 外键（Foreign Key）：外键是表中引用其他表主键的字段。它用于建立表之间的关系，实现数据的关联和一致性。
- 索引（Index）：索引是数据库中的数据结构，用于提高数据的检索速度。索引可以基于一个或多个列，快速定位和访问数据。

> ● SQL（Structured Query Language）：SQL 是一种用于操作和查询关系型数据库的语言。它包括用于定义表和约束的数据定义语言（DDL），用于插入、更新和删除数据的数据操纵语言（DML），以及用于检索数据的数据查询语言（DQL）。

以上是一些数据库的基础知识，了解这些知识对于进行数据库操作和设计数据库结构非常重要。不同的数据库管理系统和数据库类型可能有一些差异，但这些基础知识是通用的。

6.2.2 Python 中的数据库操作

Python 提供了多个库和模块来进行数据库操作，使用户能够方便地连接、查询和修改数据库。本节将学习如何在 Python 中进行数据库操作。

以下是在 Python 中进行数据库操作的主要步骤。

1．导入库

首先，需要导入相应的数据库。对于关系型数据库来说，常用的库包括 sqlite3、mysql-connector-python、psycopg2 等。对于非关系型数据库来说，常用的库包括 pymongo、redis 等。根据使用的数据库类型选择合适的库，并导入它们。

2．连接数据库

在 Python 中，连接数据库需要提供数据库的连接信息，如主机名、用户名、密码、数据库名称等。可以使用库提供的函数或方法创建数据库连接对象。连接对象将用于后续的数据库操作。

使用 MySQL 数据库的示例代码如下：

```
import mysql.connector
#创建数据库连接对象
connection = mysql.connector.connect(
    host='localhost',
    user='username',
    password='password',
    database='mydatabase'
)
```

3．创建游标对象

在进行数据库操作之前，需要创建一个游标对象。游标对象用于执行 SQL 查询语句并获取执行结果。可以使用连接对象的 cursor() 方法创建游标对象。示例代码如下：

```
#创建游标对象
cursor = connection.cursor()
```

4. 执行 SQL 查询语句

使用游标对象执行 SQL 查询语句与数据库进行交互。可以使用游标对象的 execute()方法执行 SQL 查询语句。示例代码如下:

```
#执行 SQL 查询语句
cursor.execute("SELECT * FROM customers")
```

5. 获取查询结果

在执行 SQL 查询语句后,可以使用游标对象的方法来获取查询结果。常用的方法包括 fetchone()(获取一行结果)、fetchall()(获取所有结果)和 fetchmany(n)(获取指定数量的结果)。示例代码如下:

```
#获取查询结果
result = cursor.fetchall()
```

6. 修改数据

对于需要修改数据库中数据的操作,如插入、更新或删除数据,可以使用游标对象的 execute()方法执行相应的 SQL 查询语句。示例代码如下:

```
#插入数据
cursor.execute("INSERT INTO customers (name, email) VALUES (%s, %s)", ("John
Doe", "john@example.com"))
```

7. 提交事务

对于涉及数据修改的操作,需要调用连接对象的 commit()方法提交事务,以确保修改生效。示例代码如下:

```
#提交事务
connection.commit()
```

8. 关闭连接

在数据库操作完成后,应该关闭连接,释放资源。示例代码如下:

```
#关闭连接
connection.close()
```

通过以上步骤,用户可以在 Python 中进行数据库操作。根据使用的数据库类型和具体需求,可以根据库的帮助文档了解更多详细的操作方法和参数使用方式。

6.2.3 数据库连接与查询

在数据库操作中,连接数据库和执行查询是最常见的任务之一。本节将详细介绍如何连接数据库及执行查询操作。

连接数据库是进行数据库操作的第一步。不同的数据库类型和库可能有略微不同的连接方式，但一般都需要提供以下信息。

- 主机名或 IP 地址：指定数据库服务器的地址。
- 用户名和密码：用于进行身份验证。
- 数据库名称：指定要连接的数据库。

使用 MySQL 数据库的示例代码如下：

```
import mysql.connector
#创建数据库连接对象
connection = mysql.connector.connect(
    host='localhost',
    user='username',
    password='password',
    database='mydatabase'
)
```

创建游标对象。在连接数据库后，需要创建一个游标对象来执行 SQL 查询语句。游标对象用于向数据库发送 SQL 查询语句，并获取查询结果。示例代码如下：

```
#创建游标对象
cursor = connection.cursor()
```

执行 SQL 查询语句。使用游标对象执行 SQL 查询语句。可以使用游标对象的 execute() 方法传入 SQL 查询语句来执行查询。示例代码如下：

```
#执行 SQL 查询语句
cursor.execute("SELECT * FROM customers")
```

获取查询结果。在执行查询后，可以使用游标对象的方法获取查询结果。常用的方法如下。

fetchone()：获取结果集中的下一行数据。

fetchall()：获取结果集中的所有行数据。

fetchmany(size)：获取指定数量的结果行。

示例代码如下：

```
#获取所有查询结果
result = cursor.fetchall()
```

关闭连接。在完成数据库操作后，应该关闭连接以释放资源。示例代码如下：

```
#关闭连接
connection.close()
```

通过以上步骤，用户可以连接到数据库并执行查询操作。根据具体需求，可以使用不同的查询语句和方法来获取所需的数据。

6.3　数据库安全与相关操作

6.3.1　数据库安全性概述

数据库安全性是指保护数据库免受未经授权的访问、数据泄露、数据损坏或其他恶意活动的影响。数据库中存储着敏感的数据，包括个人信息、商业机密和重要的业务数据，因此确保数据库的安全性至关重要。

有关数据库安全性的常见问题如下。

- 访问控制：访问控制是数据库安全的基础，它确保只有授权用户可以访问数据库。这包括控制用户的身份验证和授权机制，以限制他们对数据库的访问和操作权限。

- 数据加密：数据加密是一种重要的数据库安全措施，它将数据库中的敏感数据转换为密文形式，以防止未经授权的访问者获取敏感信息。加密技术包括对存储的数据进行加密、传输过程中的加密及对备份数据的加密。

- 审计与日志记录：审计与日志记录是用于监控和追踪数据库活动的重要手段。通过记录数据库操作的日志信息，可以跟踪和审查用户的行为，以便及时检测和应对潜在的安全威胁。

- 强化访问密码：使用强密码是保护数据库的一种基本措施。强密码应该是包含足够长度和复杂度的字符组合，并定期更改密码以提高安全性。

- 更新数据库软件和安全补丁：及时更新数据库软件和安全补丁是防止出现已知漏洞和安全问题的重要措施。这可以增强数据库系统的功能，具有最新的安全修复。

- 数据备份与恢复：数据备份是保护数据库数据免受损坏、故障或灾难的重要手段。定期进行数据备份，并确保备份的安全存储和恢复能力，以防止数据丢失和恢复数据。

- 安全培训和教育：数据库安全不仅仅是技术层面的问题，还需要用户具有安全意识和正确的安全操作习惯。提供数据库安全培训和教育，使用户了解安全风险和最佳实践，可以帮助提高整体的数据库安全性。

数据库安全是保护敏感数据和维护数据完整性的重要任务。通过采取适当的安全措施和实施最佳实践，可以最大限度地减少数据库面临的风险，并确保数据的机密性、完整性和可用性。

6.3.2 数据库加密与解密

数据库中存储着敏感的数据，包括个人身份信息、财务数据和商业机密等。保护这些数据的安全性至关重要，以防止未经授权的访问和数据泄露。数据库加密与解密是一种常用的安全措施，可以将敏感数据转换为密文形式，只有授权用户才能解密并查看原始数据。

数据库加密是指将数据库中的数据转换为密文形式，以保护数据的机密性。密文是通过加密算法和密钥生成的，只有拥有正确密钥的用户才能解密并查看原始数据。数据库解密是指将密文转换回原始明文数据的过程。

数据库加密与解密通常用于以下情况。

（1）数据库存储敏感数据：当数据库中存储着敏感数据，如用户密码、信用卡信息或医疗记录等时，加密可以防止未经授权的访问者获取这些数据。

（2）数据传输过程中的安全性：当数据在传输过程中需要通过网络进行传递时，使用加密可以防止数据在传输过程中被截获或篡改。

（3）数据备份和存储的安全性：当进行数据备份或将数据存储在不可信的环境中时，加密可以确保即使数据被获取，也无法被解密或查看敏感信息。

数据库加密与解密通常涉及以下步骤。

（1）选择加密算法：选择适合用户需求的加密算法，如对称加密算法（如 AES）、非对称加密算法（如 RSA）或哈希算法（如 SHA-256）等。

（2）设计密钥管理方案：确定如何生成、存储和管理加密密钥。密钥的安全性非常重要，需要采取措施确保密钥不被未经授权的访问者获取。

（3）数据加密：使用选定的加密算法和密钥将敏感数据转换为密文。可以通过库或框架提供的加密函数来执行加密操作。

（4）数据解密：只有授权用户才能使用正确的密钥进行数据解密。解密操作将密文转换回原始明文数据。

以下是一个示例，演示如何使用 Python 中的 cryptography 库对数据库中的敏感数据进行加密与解密。示例代码如下：

```python
from cryptography.fernet import Fernet
import mysql.connector

#生成密钥
key = Fernet.generate_key()

#创建加密器
cipher_suite = Fernet(key)

#加密数据
```

```python
def encrypt_data(data):
    encrypted_data = cipher_suite.encrypt(data.encode())
    return encrypted_data

#解密数据
def decrypt_data(encrypted_data):
    decrypted_data = cipher_suite.decrypt(encrypted_data).decode()
    return decrypted_data

#连接到数据库
connection = mysql.connector.connect(
    host='localhost',
    user='username',
    password='password',
    database='mydatabase'
)

#创建游标对象
cursor = connection.cursor()

#执行查询
cursor.execute("SELECT * FROM customers")

#获取查询结果
result = cursor.fetchall()

#加密和解密数据示例
for row in result:
    name = row[0]
    email = row[1]

    #加密姓名和邮箱
    encrypted_name = encrypt_data(name)
    encrypted_email = encrypt_data(email)

    #解密姓名和邮箱
    decrypted_name = decrypt_data(encrypted_name)
    decrypted_email = decrypt_data(encrypted_email)

    print("原始姓名: ", name)
    print("加密姓名: ", encrypted_name)
    print("解密姓名: ", decrypted_name)
    print("原始邮箱: ", email)
```

```
    print("加密邮箱: ", encrypted_email)
    print("解密邮箱: ", decrypted_email)
    print("---")

#关闭连接
connection.close()
```

通过上述示例，可以看到如何使用加密算法对数据库中的敏感数据进行加密与解密操作。

注意： 在加密与解密的过程中需要妥善保管密钥，并确保只有授权用户能够访问和使用密钥，以确保数据的安全性。

6.3.3 数据库访问控制与权限管理

数据库访问控制与权限管理是确保数据库安全性的重要方面。它涉及确定谁可以访问数据库，以及授予用户以何种权限来执行特定的操作。数据库访问控制与权限管理是一系列的策略和措施，它涵盖以下内容。

- 用户身份验证：验证用户的身份以确认其合法性，并确保只有授权用户可以登录和访问数据库。
- 用户授权与权限管理：授权用户执行特定数据库操作的权限，如查询、插入、更新和删除等。这些权限应根据用户的角色和需要进行细粒度的分配。
- 角色管理：创建不同的角色，定义一组特定权限，并将用户分配到相应的角色中。这样可以简化权限管理，并确保用户只能访问他们所需的数据和执行其权限范围内的操作。
- 访问控制列表（ACL）：使用 ACL 来限制用户对特定对象（如表、视图、存储过程）的访问权限。ACL 包含一系列规则，用于定义谁可以执行哪些操作。

数据库访问控制与权限管理通常在以下场景中使用：在公司内部数据库中保护内部员工和相关人员访问公司数据库的权限；在 Web 应用中确保只有授权用户能够访问和操作与应用程序相关的数据库；在多用户系统中可以管理多个用户在共享数据库中的访问权限，确保数据隔离和安全性。

数据库访问控制与权限管理的一般步骤如下。

（1）设计用户身份验证方案：设计适合的身份验证方案，如用户名和密码、证书、双因素认证等，并确保密码策略的强度。

（2）定义角色和权限：根据用户的职责和需求，定义适当的角色，并为每个角色分配适当的权限。

（3）分配权限：将用户分配到相应的角色中，并确保他们只能执行其权限范围内的操作。

（4）配置访问控制列表（ACL）：定义哪些对象受到 ACL 控制，并为每个对象指定访问规则。

（5）审计与监控：定期审查数据库日志记录，检查异常活动和未经授权的访问尝试。使用监控工具来实时监测数据库活动。

6.4 安全地使用数据库

6.4.1 数据库注入攻击概述

数据库注入攻击是一种常见的网络安全威胁，它可能导致严重的安全漏洞和数据泄露。了解数据库注入攻击的概念和原理可以帮助读者识别潜在的安全风险并采取相应的防护措施，以确保数据库的安全性和数据的完整性。

数据库注入攻击是一种利用应用程序对用户输入数据的不正确处理，从而导致恶意代码被插入和执行的攻击。攻击者通过在应用程序的输入字段中插入恶意的 SQL 代码，成功绕过应用程序的预期行为，直接操作数据库。这可能导致数据泄露、数据损坏、越权访问及其他恶意行为。数据库注入攻击可针对任何使用数据库的应用程序或网站。无论是使用传统的 SQL 数据库（如 MySQL、PostgreSQL）还是使用 NoSQL 数据库（如 MongoDB、Cassandra），都存在潜在的数据库注入攻击风险。数据库注入攻击利用了应用程序在构建和执行 SQL 查询时的漏洞。

常见的数据库注入攻击类型介绍如下。

- 基于错误的逻辑判断：通过在应用程序的查询语句中插入恶意代码，攻击者可以触发错误条件，从而获得敏感信息或执行未经授权的操作。
- 基于时间的盲注：攻击者通过在查询语句中插入恶意代码，并根据应用程序的响应时间来判断注入是否成功。这种攻击方式适用于无法直接获取查询结果的情况。
- 基于布尔盲注：类似基于时间的盲注，攻击者根据应用程序在布尔条件下的不同响应来判断注入是否成功。
- 堆叠查询注入：攻击者通过在查询语句中插入多个查询语句，从而在单次注入中执行多个操作。

为了防止数据库注入攻击，可以采取以下措施。

- 使用参数化查询或预编译语句：确保输入数据不会被解释为可执行的代码，而是作为参数传递给查询语句。

- 输入验证与过滤：对用户输入的数据进行验证与过滤，只接受符合预期格式和类型
的数据，过滤掉潜在的恶意字符或语句。
- 最小化权限：将数据库用户的权限限制到执行所需操作的最低级别，避免给予不必
要的权限。
- 定期更新与维护：及时安装数据库厂商发布的安全补丁和更新，定期审查和优化数
据库配置，以减少潜在的安全漏洞。

通过使用参数化查询或预编译语句、输入验证与过滤、最小化权限和定期更新与维护
等安全措施，可以有效预防数据库注入攻击，并确保数据库的安全性和数据的完整性。

6.4.2　预防数据库注入攻击

数据库注入攻击是一种常见的安全威胁，但用户可以采取一些预防措施来降低风险。
下面是一些预防数据库注入攻击的重要方法和实践。

1．使用参数化查询或预编译语句

参数化查询是最有效预防注入攻击的方法之一。使用参数化查询，将用户输入的数据
作为参数传递给查询语句，而不是将其直接嵌入 SQL 语句中。这样可以确保输入数据不会
被解释为可执行的 SQL 代码。示例代码如下：

```python
import mysql.connector
conn = mysql.connector.connect(host='localhost', user='user',
password='password', database='mydatabase')
cursor = conn.cursor()

username = input('请输入用户名：')
password = input('请输入密码：')

query = "SELECT * FROM users WHERE username = %s AND password = %s"
cursor.execute(query, (username, password))

rows = cursor.fetchall()
for row in rows:
    print(row)

cursor.close()
conn.close()
```

2. 输入验证与过滤

对用户输入的数据进行验证与过滤是预防注入攻击的重要步骤。确保只接受符合预期格式和类型的数据，并过滤掉潜在的恶意字符或语句。可以使用正则表达式或其他验证机制来验证输入的有效性。使用正则表达式进行输入验证的示例代码如下：

```python
import re
username = input('请输入用户名: ')
if not re.match("^[a-zA-Z0-9_]+$", username):
    print("无效的用户名! ")
```

3. 最小化权限

给予数据库用户最小化的权限，只授予其执行所需操作的最低权限。这样即使发生注入攻击，攻击者的权限也将受到限制，从而减轻攻击的影响。避免使用具有过高权限的数据库账户连接应用程序。为数据库用户分配最低权限，只允许其执行必要的操作。例如，只允许执行查询操作而不允许执行修改操作。示例代码如下：

```sql
GRANT SELECT ON mydatabase.users TO 'user'@'localhost';
```

4. 定期更新与维护

定期更新与维护数据库系统和应用程序是预防注入攻击的关键措施。及时安装数据库厂商发布的安全补丁，以修复已知的漏洞。同时，监控数据库系统的日志和活动，及时发现异常行为。

5. 使用安全框架或 ORM（对象关系映射）工具

使用受信任的安全框架或 ORM 工具来处理数据库交互，这些工具通常内置了对注入攻击的防护机制。它们会自动对用户输入进行转义或编码，从而减少注入攻击的风险。

6.5 数据库的安全管理

数据库的安全管理是指确保数据库系统与其中存储的数据的保密性、完整性和可用性的过程。其中一个重要方面是数据库权限管理，它涉及授予和管理用户对数据库的访问权限。6.5.1 节将重点介绍数据库权限管理。

6.5.1 数据库权限管理

数据库权限管理是指控制和管理用户对数据库对象（如表、视图、存储过程等）和操作（如查询、插入、更新、删除等）的访问权限。通过正确配置和管理权限，可以确保只有授权用户能够访问和操作数据库，从而提高数据库的安全性。

以下是一些常见的数据库权限管理概念和操作。

- 用户和角色：数据库用户是指被授予权限并对数据库进行访问的实体。每个用户都有一个唯一的用户名和密码，用于身份验证。数据库角色是一组权限的集合，可以分配给用户，以简化权限管理。
- 授权：授权是指授予用户或角色特定的权限，以允许其对数据库对象执行特定的操作。常见的权限包括查询、插入、更新、删除等。授权可以在数据库级别、表级别或列级别进行。
- 撤销权限：撤销权限是指从用户或角色中收回已经授予的权限。当用户或角色不再需要某些权限时，应及时撤销这些权限，以减少潜在的安全风险。
- 角色继承：允许一个角色继承另一个角色的权限。这样可以简化权限管理，提高管理的效率。
- 审计日志：审计日志是指记录数据库活动和事件的日志文件。通过监控和分析审计日志，可以发现异常行为和安全事件，并采取相应的措施。

在实践中，数据库管理员应该根据实际需求和安全策略来配置和管理数据库的权限。需要注意的是，权限管理应该是一个持续的过程，随着数据库的变化和组织的需求进行适时调整和更新。数据库权限管理是确保数据库安全的重要环节。通过正确配置和管理权限，可以控制用户对数据库的访问和操作，从而保护数据库的机密性、完整性和可用性。数据库管理员应该根据实际需求和安全策略来进行权限管理，并定期审查和更新权限设置。

6.5.2　数据库备份与恢复

数据库备份与恢复是数据库管理中至关重要的一部分，它们用于保护数据库中的数据免受丢失、损坏或灾难性事件的影响。本节将详细介绍数据库备份与恢复的概念、方法和最佳实践。

数据库备份是指将数据库中的数据和相关的对象（如表、视图、索引等）复制到另一个位置或存储介质的过程。备份的目的是在数据丢失、硬件故障、人为错误、恶意攻击或自然灾害等情况下，能够恢复数据库到之前的状态，保证数据的完整性和可用性。数据库备份策略是指规划和执行数据库备份的方法和步骤。以下是一些常见的数据库备份策略要点。

- 定期备份：制订定期备份计划，根据业务需求和数据的变化频率，选择适当的备份频率（如每日、每周或每月备份）。
- 完全备份和增量备份：完全备份是备份整个数据库的副本，而增量备份仅备份自上次完全备份或增量备份以来的变化部分。采用增量备份可以减少备份时间和存储空间的需求。

- 备份存储位置：备份数据应存储在安全的位置，远离原始数据库，以防止灾难性事件同时影响备份数据和原始数据。
- 备份验证和恢复测试：定期验证备份文件的完整性，并进行恢复测试，确保备份文件可用且数据能够成功恢复。

数据库恢复是指在数据库发生故障或数据丢失的情况下，将备份数据恢复到正常运行状态的过程。以下是一些常见的数据库恢复方法。

- 完全恢复：通过将完整备份恢复到最新的状态，实现数据库的完全恢复。
- 增量恢复：先恢复最近的完全备份，再逐步应用增量备份，将数据库恢复到故障发生之前的状态。
- 点时间恢复：使用数据库日志和增量备份，将数据库恢复到特定时间点时的状态，以满足业务需求。

在数据库的备份与恢复中要注意以下几点。

（1）备份数据的保密性：备份数据可能包含敏感信息，如个人身份信息或商业机密。确保备份数据的安全性和保密性，采用加密措施保护备份数据。

（2）定期监测备份健康状态：定期检查备份过程和备份文件的健康状态，确保备份文件完整且可恢复。

（3）备份数据的多样性：根据需求，采用不同的备份方式和存储介质，如本地备份、远程备份、云备份等，以增强数据的可靠性和容灾性。

（4）文档化备份与恢复过程：记录备份与恢复操作的步骤和细节，以备日后参考和应急使用。

在 Python 中进行数据库备份与恢复可以通过数据库模块提供的函数和方法来实现。以下是使用 Python 进行数据库备份与恢复的详细示例，假设使用的是 MySQL 数据库，数据库备份的示例代码如下：

```python
import subprocess

def backup_database(host, username, password, database, backup_path):
    #构建备份命令
    command = f"mysqldump -h {host} -u {username} -p{password} {database} > {backup_path}"

    try:
        #执行备份命令
        subprocess.check_output(command, shell=True)
        print("数据库备份成功！")
    except subprocess.CalledProcessError as e:
        print("数据库备份失败:", e)
```

```
#使用示例
host = "localhost"
username = "root"
password = "your_password"
database = "your_database"
backup_path = "/path/to/backup.sql"

backup_database(host, username, password, database, backup_path)
```

在上述示例中，通过调用 mysqldump 命令来执行数据库备份。将备份的数据导出到指定的备份文件中。

数据库恢复的示例代码如下：

```
import subprocess

def restore_database(host, username, password, database, backup_path):
    #构建恢复命令
    command = f"mysql -h {host} -u {username} -p{password} {database} <
{backup_path}"

    try:
        #执行恢复命令
        subprocess.check_output(command, shell=True)
        print("数据库恢复成功！")
    except subprocess.CalledProcessError as e:
        print("数据库恢复失败:", e)

#使用示例
host = "localhost"
username = "root"
password = "your_password"
database = "your_database"
backup_path = "/path/to/backup.sql"

restore_database(host, username, password, database, backup_path)
```

在上述示例中，通过调用 mysql 命令来执行数据库恢复。将备份文件中的数据导入指定的数据库中。

注意：在执行数据库备份与恢复的过程中，确保 Python 环境中安装了相应的数据库驱动模块，如 mysql-connector-python。此外，根据具体的数据库类型和版本，备份和恢复命令可能会有所不同，请根据实际情况进行调整。另外，为了保证数据的安全性，建议在执行数据库备份与恢复的过程中采取适当的安全措施，如加密备份文件、限制访问权限等。

数据库备份与恢复是保护数据库数据的重要措施。通过制定适当的备份策略、选择合适的备份方法和存储位置,以及定期验证备份文件和恢复测试,可以确保数据库在面临数据丢失或故障时能够快速恢复,并保持数据的完整性和可用性。

实践任务:简易的学生信息管理系统数据库设计与操作

【需求分析】

设计一个简易的学生信息管理系统,用于存储和管理学生的个人信息。系统需要具备以下功能。

- 学生注册:学生可以通过系统进行注册,输入自己的姓名、年龄和班级等信息。
- 学生信息查询:学生可以查询自己的个人信息。
- 学生信息修改:学生可以修改自己的个人信息。
- 设计数据库的安全管理:用户的权限设计。
- 数据库备份与恢复:系统定期进行数据库备份,并能够在需要时进行恢复操作。

【实现思路】

- 使用 Python 编写一个命令行界面的学生信息管理系统,使用 SQLite 作为数据库。
- 借助 Python 内置的 sqlite3 模块来实现数据库的连接和操作。
- 设计一个数据库管理器类,封装数据库操作的函数和方法。
- 定义学生模型和相关函数,实现学生注册、学生信息查询和修改功能。
- 设计定时任务,使用 Python 的定时任务库(如 schedule)来实现数据库定期备份功能,并记录备份信息。
- 提供数据库恢复功能,允许管理员选择指定的备份文件进行恢复操作。

【任务分解】

1)数据库模型设计

学生表:包括学生姓名、年龄、班级等字段。

2)学生注册和信息管理

实现学生注册功能,允许学生输入个人信息并存储到数据库中。

设计学生信息查询和修改功能,允许学生查询和修改自己的个人信息。

3)数据库的权限设计

4)数据库的备份与恢复

设计定时任务,定期执行数据库备份操作。提供恢复功能,允许管理员选择指定的备份文件进行恢复操作。

注意：学生根据实际使用的数据库进行操作。

【参考代码】

部分参考代码如下：

```python
import sqlite3
import schedule
import time
from datetime import datetime


#创建数据库连接
def create_connection():
    conn = sqlite3.connect('student_info.db')
    return conn


#创建表
def create_table(conn):
    cursor = conn.cursor()
    cursor.execute('''CREATE TABLE IF NOT EXISTS students
                      (id INTEGER PRIMARY KEY, name TEXT, age INTEGER, class
TEXT)''')
    conn.commit()


#学生模型
class Student:
    def __init__(self, id, name, age, class_name):
        self.id = id
        self.name = name
        self.age = age
        self.class_name = class_name


    def __str__(self):
        return f'学号：{self.id}，姓名：{self.name}，年龄：{self.age}，班级：
{self.class_name}'


#数据库管理器类
class DBManager:
    def __init__(self, conn):
        self.conn = conn


    def register(self, student):
        cursor = self.conn.cursor()
```

```
            cursor.execute("INSERT INTO students (id, name, age, class) VALUES
(?, ?, ?, ?)",
                        (student.id, student.name, student.age,
student.class_name))
        self.conn.commit()

    def query(self, student_id):
        cursor = self.conn.cursor()
        cursor.execute("SELECT * FROM students WHERE id=?", (student_id,))
        result = cursor.fetchone()
        return Student(*result)

    def update(self, student):
        cursor = self.conn.cursor()
        cursor.execute("UPDATE students SET name=?, age=?, class=? WHERE id=?",
                    (student.name, student.age, student.class_name, student.id))
        self.conn.commit()


    #定时任务：备份数据库
    def backup_database():
        while True:
            timestamp = datetime.now().strftime('%Y%m%d%H%M%S')
            conn = create_connection()
            cursor = conn.cursor()
            cursor.execute("BACKUP DATABASE student_info TO
DISK='backup_{}.db'".format(timestamp))
            conn.commit()
            print('数据库备份成功，备份文件: backup_{}.db'.format(timestamp))
            time.sleep(60)   #每分钟备份一次


    #定时任务：恢复数据库
    def restore_database():
        while True:
            try:
                conn = create_connection()
                cursor = conn.cursor()
                cursor.execute("RESTORE DATABASE student_info FROM
DISK='backup_{}.db'".format(dateti me.now().strftime('%Y%m%d%H%M%S')))
                conn.commit()
                print('数据库恢复成功')
                time.sleep(60)   #每分钟恢复一次
            except Exception as e:
                print('数据库恢复失败: ', e)
```

```
        time.sleep(60)    #如果恢复失败，则等待一分钟后再次尝试

if __name__ == '__main__':
    conn = create_connection()
    create_table(conn)
    db_manager = DBManager(conn)
    student = Student(1, '张三', 18, '计算机一班')
    db_manager.register(student)
    print(db_manager.query(1))
    db_manager.update(student)
    print(db_manager.query(1))
    backup_schedule = schedule.every(1).minutes.do(backup_database)
    restore_schedule =restore_database(host, username, password, database,
backup_path)
```

实 践 评 价

评价项	评价内容	得分
代码分析	代码思路分析	
代码设计	代码算法设计	
代码编写	功能实现与代码规范	
代码测试	测试用例	

本 章 总 结

　　本章涵盖了数据存储与安全的关键概念和操作。首先，介绍了文件存储与 Python 操作，包括文件存储基础、Python 中的文件操作，以及安全地读写文件。然后，探讨了数据库存储与 Python 操作数据库的内容，包括数据库基础知识、Python 中的数据库操作，以及数据库连接与查询。在数据库安全与相关操作部分中，提出了数据库安全性概述，重点讨论了数据库加密与解密、数据库访问控制与权限管理的重要性和实践方法。另外，本章深入研究了如何安全地使用数据库和数据库的安全管理，包括数据库注入攻击概述、预防数据库注入攻击、数据库权限管理、数据库备份与恢复。最后，通过实践任务加深读者对 Python 操作数据库和数据库安全的理解。本章旨在帮助读者掌握文件和数据库存储的基础知识，了解数据安全的重要性，并提供实践指导和安全措施，以确保数据的安全存储和操作。

1．数据库加密是保护敏感数据安全的重要手段，请列举至少 3 种常用的数据库加密技术，并简要解释它们的原理。

2．请解释什么是 SQL 注入攻击，并提供一个简单的示例来说明 SQL 注入攻击的工作原理。

3．数据库权限管理是确保数据安全的关键措施，请解释什么是数据库权限，并说明如何在常见数据库中设置和管理用户权限。

4．数据库备份与恢复是数据安全的重要方面，请列举至少 3 种常用的数据库备份方法，并说明它们的优点和缺点。

5．数据库审计是确保数据库安全性的重要环节，请解释什么是数据库审计，并说明数据库审计的目的和常见的审计技术。

第7章

Web 服务器与应用系统安全的 Python 实践

本章将介绍如何通过 Python 提升 Web 服务器与应用系统的安全性。我们将深入探讨 Python 在 Web 服务器安全、构建安全的 Web 应用、安全日志和监控、Web 应用安全测试，以及构建安全的 API 和微服务方面的实践。首先，通过使用 Python 框架和库，学习构建安全 Web 应用的最佳实践，包括用户输入验证、安全编码实践、防御常见 Web 攻击等。然后，还将研究身份认证和访问控制的实现方法，探讨如何使用 Python 管理用户认证和权限控制。本章还将重点关注安全日志记录和监控，介绍使用 Python 实现实时监控和安全日志记录的方法。此外，也将强调保护敏感数据的重要性，探讨使用 Python 进行数据加密、解密和安全存储的技术。同时，将探讨 Web 应用安全测试的重要性，并介绍用于安全扫描、漏洞检测、渗透测试的 Python 工具和库。最后，本章将研究使用 Python 构建安全的 API 和微服务的实践方法，涵盖 API 认证、访问控制和数据保护。通过学习本章内容，读者将获得使用 Python 实现 Web 服务器与应用系统安全的关键技能，无论读者是开发人员还是系统管理员，本章都将为读者提供全面的指导，帮助读者保护 Web 应用免受安全威胁。本章的实践任务是构建安全的 Web 应用，包括数据库设计、项目架构搭建，以及功能实现 3 个方面的内容。

学习目标

- ☑ 理解 Web 服务器与应用系统安全的重要性。
- ☑ 熟悉 Python 在 Web 服务器安全中的应用。
- ☑ 理解访问控制与权限管理。
- ☑ 学习安全日志记录和监控。
- ☑ 理解对敏感数据的保护。
- ☑ 掌握 Web 应用安全测试。
- ☑ 构建安全的 API 和微服务。

读者将在技术层面上提升对 Web 服务器与应用系统安全的认知和能力，同时培养安全意识、道德与法治观念、责任担当、创新思维和团队协作能力，使其成为具备综合素养的网络安全从业者。具体目标如下。

- 培养安全意识：通过学习 Web 服务器与应用系统安全，使读者认识到网络安全的重要性，提高对个人信息保护和网络安全风险的意识，培养安全意识和安全责任感。

- 培养道德与法治观念：学习安全编码和访问控制等内容，引导读者遵循道德和法律的要求，在开发和管理应用系统时注重用户隐私保护、合规性和法律遵守。

- 强化责任担当：学习如何构建安全的 Web 应用和 API，培养读者对系统安全性的责任感，明确开发和管理过程中的责任和义务，主动采取措施保护用户数据和系统安全。

- 培养创新思维：通过学习使用 Python 实现 Web 服务器与应用系统安全的技术和实践，培养读者的创新思维，激发解决网络安全问题的能力和创造力。

- 提升团队协作能力：在进行安全测试和安全监控等环节时，鼓励读者进行团队合作，培养良好的沟通和协作能力，通过合作解决安全问题。

7.1 Web 服务器安全

7.1.1 Web 服务器安全概述

Web 服务器是托管网站和应用程序的关键组件，因此保护 Web 服务器免受恶意攻击和未授权访问至关重要。安全的 Web 服务器能够防止敏感数据泄露、数据损坏、拒绝服务等安全问题的出现，确保网站和应用程序的可靠性和机密性。

Web 服务器安全的重要性体现在以下方面。

- 保护用户数据：Web 服务器通常承载用户的个人信息和敏感数据，如登录凭据、支付信息等。确保这些数据的保密性和完整性直接关系到用户的信任和隐私。

- 防止拒绝服务攻击：恶意用户可能会利用漏洞或大量的请求来使服务器过载，导致服务不可用。Web 服务器安全措施可以防止这类攻击，并确保正常用户能够访问网站或应用程序。

- 防止数据篡改：未经授权的用户可能会尝试篡改服务器上的数据，从而导致数据的不一致性或损坏。通过实施适当的安全措施，可以保护数据的完整性和可靠性。

Web 服务器安全是保护 Web 服务器及其托管的网站和应用程序免受恶意攻击与未授权访问的重要领域。保护 Web 服务器的安全性对于保护用户数据、维护业务连续性和信誉至关重要。在 Web 服务器安全中，Python 技术发挥至关重要的作用。Python 在 Web 服务器安全中的应用领域包括构建安全的 Web 应用、身份认证与访问控制、安全日志和监控、敏感数据保护、Web 应用安全测试，以及构建安全的 API 和微服务。使用 Python 开发 Web 服务器具有许多优势，如简洁的语法和易学性、丰富的库和框架生态系统、安全编码和最佳实践支持等。在开发过程中，需要关注用户输入验证、安全编码和防御常见 Web 攻击的最佳实践。Python 提供了丰富的库和工具，如 requests、BeautifulSoup、Selenium 和 OWASP ZAP 等，用于执行 Web 应用安全测试。通过安全测试，可以发现潜在的漏洞和弱点，并采取相应的措施加固 Web 服务器的安全性。

7.1.2　Web 应用安全测试

Web 应用安全测试是评估和检测 Web 应用安全性的过程，旨在发现潜在的漏洞和弱点，以防止恶意攻击者利用这些漏洞入侵系统。Web 应用安全测试对于保护 Web 应用和用户数据的安全至关重要。以下列举一些理由说明为什么进行 Web 应用安全测试是非常必要的。

- 发现潜在的漏洞和弱点：通过安全测试，可以发现 Web 应用中潜在的漏洞和弱点，如跨站脚本攻击（XSS）、跨站请求伪造（CSRF）、SQL 注入等。通过修复这些漏洞，可以更好地保护应用程序。

- 保护用户数据：Web 应用通常承载用户的个人信息和敏感数据，如用户名、密码、支付信息等。安全测试可以确保这些数据得到适当的保护，防止数据泄露和不当使用。

- 符合标准和合规要求：根据行业标准和法规要求，许多组织需要对其 Web 应用进行安全测试，以确保其符合特定的安全标准和合规要求。

Python 提供了丰富的 Web 应用安全测试工具和库，用于扫描、检测和评估 Web 应用的安全性。通过使用这些工具和库，可以发现潜在的漏洞和弱点，并采取相应的措施加固 Web 服务器的安全性。下面是一些常用的 Python 工具和库，可用于执行各种类型的 Web 应用安全测试。

- requests 库：一个流行的 HTTP 请求库，它可以与 Python 的 unittest 或 pytest 等测试框架结合使用，用于发送各种 HTTP 请求，并验证 Web 应用的响应。

- BeautifulSoup 库：一个用于解析 HTML 和 XML 文档的库，可以用于从 Web 应用的响应中提取数据，并进行进一步的分析和测试。

- Selenium 库：一个自动化浏览器工具，它可以模拟用户与 Web 应用的交互。使用 Selenium 库，可以编写 Python 脚本来执行自动化测试、模拟用户登录、填写表单等操作。

- OWASP ZAP：开放式 Web 应用安全项目-渗透测试工具是一个功能强大的开源 Web 应用安全测试工具。它可以用作代理服务器，拦截和修改 Web 应用的请求和响应，并提供漏洞扫描和自动化渗透测试功能。

对 Web 应用进行安全测试的一般步骤是首先识别目标，确定要进行安全测试的 Web 应用，并收集关于 Web 应用的信息，如 URL 结构、输入字段、参数等。然后进行漏洞扫描，使用工具（如 OWASP ZAP 等）进行自动化的漏洞扫描，发现常见的 Web 漏洞，如 XSS、CSRF、SQL 注入等。接着进行手动测试，使用 Python 编写测试脚本，对 Web 应用进行手动测试，验证漏洞的存在并尝试利用它们。可以进行安全代码审查，审查 Web 应用的源代码，以寻找潜在的安全问题和漏洞。最后是报告和修复，其工作是将测试结果整理成报告，并将发现的安全问题和漏洞通知开发团队进行修复。

7.2 使用 Python 框架构建安全的 Web 应用

本节将介绍如何使用 Python 框架（如 Django 和 Flask）来构建安全的 Web 应用。同时，将提供一些指导原则和最佳实践，以确保用户的 Web 应用在设计和开发阶段就具备强大的安全性。

7.2.1 开发 Web 应用

Python 提供了多个 Web 框架，如 Django、Flask。选择合适的框架对于构建安全的 Web 应用至关重要。以下是一些常用的框架及其特点。

- Django：一个全功能的高级 Web 框架，具有内置的安全功能和最佳实践。它提供强大的身份验证、访问控制、表单验证等功能，可快速构建安全的 Web 应用。
- Flask：一个轻量级的 Web 框架，它提供了基本的功能和灵活性。通过集成不同的安全扩展，如 Flask-Login 和 Flask-WTF，可以构建安全的 Web 应用。

当使用 Django 进行 Python Web 应用开发时，一般使用如下步骤。

1. 安装 Django 和创建项目

安装 Django：使用 pip 命令安装 Django 框架，如 pip install django。

创建项目：在命令行中运行 django-admin startproject <project_name>命令创建一个新的 Django 项目。

2. 创建应用

在 Django 项目中，应用是组织代码的单元。运行 python manage.py startapp <app_name> 命令创建一个新的应用。

在项目的 settings.py 文件中注册应用：将应用添加到 INSTALLED_APPS 配置项中。

3. 配置数据库

在 settings.py 文件中配置数据库连接，包括数据库类型、主机、端口、用户名和密码等信息。

Django 支持多种数据库后端，如 SQLite、MySQL 和 PostgreSQL。

4. 定义模型

在应用的 models.py 文件中定义数据模型，使用 Django 提供的模型类作为基类。模型类表示数据库中的表、定义字段和数据类型，并可以定义方法和关联关系。定义模型的示例代码如下：

```python
from django.db import models

class User(models.Model):
    username = models.CharField(max_length=50)
    password = models.CharField(max_length=50)
    email = models.EmailField()

    def __str__(self):
        return self.username
```

5. 创建视图

在应用的 views.py 文件中定义视图函数，处理 HTTP 请求并返回响应。可以使用 Django 提供的各种视图类，如基于类的视图（CBV）或函数视图。示例代码如下：

```python
from django.shortcuts import render, HttpResponse
def home(request):
    return HttpResponse("Welcome to the home page!")
```

6. 配置 URL 路由

在应用的 urls.py 文件中定义 URL 路由和视图函数的映射关系。在项目的 urls.py 文件中包含应用的 URL 配置。示例代码如下：

```python
from django.urls import path
from .views import home

urlpatterns = [
    path('', home, name='home'),
]
```

7．模板和静态文件

在应用中创建 templates 目录，用于存放 HTML 模板文件。使用 Django 模板语言对模板进行动态渲染。在应用中创建 static 目录，用于存放静态文件，如 CSS、JavaScript 和图像。

8．用户认证和访问控制

Django 提供了内置的用户认证系统，可以通过配置和使用相关视图、模型和表单来实现用户认证和访问控制。使用 Django 的装饰器（如@login_required）来限制访问权限。

9．输入验证和安全编码

通过 Django 的表单类对用户输入进行验证和过滤。避免直接在 SQL 查询中使用用户输入，使用参数化查询或 ORM（对象关系映射）进行数据库操作。使用 Django 的安全机制（如 csrf_token）来防止跨站请求伪造（CSRF）攻击。

通过以上步骤和技术，用户可以开始使用 Django 快速构建安全可靠的 Python Web 应用。详细的开发需要掌握 Django 框架技术。

7.2.2　构建安全的 Web 应用

Python 是一种功能强大且广泛使用的编程语言，可用于构建安全的 Web 应用。通过使用 Python 及其相关的框架和库，开发人员可以采取一系列措施来增强 Web 应用的安全性，保护用户数据和防止恶意攻击。以下是 Python 构建安全的 Web 应用的一些方式。

1．用户输入验证

用户输入验证是构建安全的 Web 应用的关键步骤之一。通过对用户输入进行验证和过滤，可以防止常见的安全漏洞，如跨站脚本攻击（XSS）和 SQL 注入攻击。其防御主要采用如下手段。

- 使用正则表达式或验证函数对用户输入进行验证，确保输入符合预期的格式和类型。
- 对所有用户输入进行严格的输入过滤和转义，以防止 XSS 攻击。
- 使用参数化查询或 ORM（对象关系映射）来执行数据库操作，以防止 SQL 注入攻击。
- 不要信任客户端发送的数据，始终对数据进行服务器验证。

2．安全编码实践

编写安全的代码是构建安全的 Web 应用的重要方面。以下是一些安全编码的最佳实践。

- 避免使用已知的不安全函数和方法，如 eval()和 pickle.loads()等。

- 使用安全的密码哈希算法和盐值对用户密码进行存储和验证。
- 防止敏感信息泄露，如数据库连接字符串、API 密钥等。
- 严格限制文件上传功能的类型和文件大小，并确保对上传的文件进行适当的验证和处理。
- 在错误处理中避免泄露敏感信息，如堆栈跟踪和调试信息。

3. 防御常见的 Web 攻击

在构建 Web 应用时，需要考虑和防御常见的 Web 攻击。以下是一些常见攻击类型的防御方法。

- 跨站脚本攻击（XSS）：对所有用户输入进行适当的转义和过滤，以防止恶意脚本的注入。
- 跨站请求伪造（CSRF）：使用 CSRF 令牌来验证每个表单提交，并确保仅允许经过身份验证的用户执行敏感操作。
- SQL 注入攻击：使用参数化查询或 ORM（对象关系映射）来执行数据库操作，并避免将用户输入直接拼接到 SQL 查询中。
- 不安全的直接对象引用：确保对敏感数据和资源的访问进行适当的身份验证和授权检查，防止未经授权的访问。

4. 使用框架和库的安全特性

Python 框架（如 Django 和 Flask）提供了许多内置的安全特性和功能，可以简化开发安全的 Web 应用。以下是一些常见的安全特性。

- 认证和授权：使用框架提供的认证和授权机制，确保只有经过身份验证和授权的用户可以访问敏感功能和数据。
- 表单验证：使用框架的表单验证功能，对用户输入进行验证和转换，以防止常见的安全漏洞。
- 安全会话管理：使用框架提供的会话管理功能，确保会话令牌的安全性和机密性。
- CSRF 保护：使用框架提供的 CSRF 保护机制，防止跨站请求伪造攻击。
- 安全头部设置：使用框架提供的安全头部设置功能，如 HTTP Strict Transport Security（HSTS）和内容安全策略（CSP），加强 Web 应用的安全性。

通过遵循这些指导原则和最佳实践，结合使用 Python 框架和库的安全特性，我们可以构建安全可靠的 Web 应用，并确保用户数据和业务的安全性。

7.3 使用 Python 进行安全日志记录和监控

7.3.1 安全日志记录的重要性

安全日志记录在 Web 应用中起着至关重要的作用。它是一种关键的安全措施，用于捕获和记录与应用程序安全相关的事件和行为。安全日志记录的重要性体现在以下几个方面。

- 合规性要求：安全日志记录是满足合规性要求的关键部分。许多行业和法规要求组织记录和保留与安全相关的数据，以便进行审计和调查。通过记录关键的安全事件和活动，可以满足合规性要求，并提供证据以证明合规性。

- 安全事件追踪：安全日志记录可以帮助追踪和调查安全事件。当应用程序遭受到攻击或发生异常行为时，安全日志记录可以提供有关事件发生的详细信息。通过分析日志数据，可以识别攻击者的行为模式、入侵尝试和潜在漏洞。

- 异常检测和预警：通过监控和分析安全日志记录，可以及时检测到异常行为并发出警报。例如，可以检测到登录失败、异常访问模式、潜在漏洞利用等。这种实时的异常检测和预警可以帮助应对潜在的安全威胁，并采取适当的措施来保护应用程序。

- 安全漏洞分析：安全日志记录对于分析和修复应用程序中的安全漏洞至关重要。通过审查日志数据，可以发现潜在的漏洞和脆弱性，并及时采取措施来修复它们。此外，通过分析日志数据，还可以评估和改进应用程序的安全策略和配置。

- 可追溯性和调查：安全日志记录提供了应用程序活动的可追溯性。当发生安全事件或异常行为时，可以通过分析日志数据来追踪事件的起源和影响范围。这对于调查和响应安全事件非常重要，并可以帮助恢复被攻击的系统和数据。

总之，安全日志记录在 Web 应用中扮演着关键的角色。它不仅可以满足合规性要求，还可以帮助追踪安全事件、检测异常行为和预警、分析安全漏洞等，并为应对安全威胁提供基础。因此，开发人员和系统管理员应该充分认识到安全日志记录的重要性，并采取适当的措施来实施和管理安全日志记录系统。

7.3.2 用于安全日志记录的 Python 库和工具

在 Python 中，有许多强大的库和工具可用于实现安全日志记录和事件追踪，这些库提供了强大的功能，使用户能够配置和使用日志记录器，定义日志级别和格式。以下是一些常用的 Python 库和工具。

- logging 库：logging 库是 Python 标准库中内置的日志记录工具。它提供了灵活的日志记录功能，可用于记录各种级别的日志消息。可以配置日志记录器以将日志消息保存到文件中、输出到控制台或发送到其他目标上。通过设置适当的日志级别，可以过滤和记录与安全相关的事件。

- Loguru 库：Loguru 库是一个易于使用的日志记录库，提供了简洁的语法和强大的功能。它支持多种输出格式和目标，包括文件、控制台和网络。Loguru 库还提供了日志轮转、过滤器和异步处理等功能，使日志记录更加灵活和高效。

通过使用 logging 库，用户可以创建日志记录器对象，并配置其属性，如日志级别、输出目标和日志格式。以下是一个使用 logging 库的示例：

```python
import logging

#创建日志记录器
logger = logging.getLogger('my_logger')
logger.setLevel(logging.DEBUG)

#创建处理器
console_handler = logging.StreamHandler()
file_handler = logging.FileHandler('app.log')

#设置处理器级别
console_handler.setLevel(logging.INFO)
file_handler.setLevel(logging.DEBUG)

#创建格式器
formatter = logging.Formatter('%(asctime)s - %(levelname)s - %(message)s')

#将格式器添加到处理器中
console_handler.setFormatter(formatter)
file_handler.setFormatter(formatter)

#将处理器添加到日志记录器中
logger.addHandler(console_handler)
logger.addHandler(file_handler)

#记录日志
logger.debug('Debug message')
logger.info('Info message')
logger.warning('Warning message')
logger.error('Error message')
```

通过使用 Loguru 库，用户可以轻松地配置日志记录器，并定义日志级别、输出目标和日志格式。以下是一个使用 Loguru 库的示例：

```python
from loguru import logger
```

```
#配置日志记录器
logger.add('app.log', level='DEBUG', format='{time} - {level} - {message}')

#记录日志
logger.debug('Debug message')
logger.info('Info message')
logger.warning('Warning message')
logger.error('Error message')
```

通过这些示例，我们可以看到如何配置和使用日志记录器，包括设置日志级别、定义输出目标和日志格式。根据项目需求，用户可以选择适合的库和工具来实现安全日志记录和事件追踪。

7.3.3　实时监控和警报系统

实时监控和警报系统对于保护 Web 应用的安全至关重要。它们可以帮助用户及时检测异常行为、监控系统状态，并在出现问题时发送警报通知。使用 Python 可以实现高效的实时监控和警报系统，以下是一些常用的方法和工具。

- 监控规则设置和配置：首先，需要定义适当的监控规则，以捕获与安全相关的事件和行为。这些规则可以包括登录失败次数、异常请求模式、资源利用率等。通过设置监控规则，用户可以根据预定义的条件对系统进行实时监控。
- Prometheus：一个开源的监控系统，可用于收集和存储时间序列数据。它提供了灵活的查询语言和强大的图形化界面，使用户能够对监控数据进行分析和可视化。通过 Prometheus，用户可以收集来自不同来源的监控指标，并根据需要设置警报规则。
- Grafana：一个流行的开源数据可视化和监控仪表板工具。它与 Prometheus 集成紧密，并提供了丰富的图表和监控仪表板模板，可用于可视化监控数据。通过 Grafana，用户可以创建定制化的监控仪表板，并实时查看应用程序的性能和安全指标。
- Python 库和工具：除了 Prometheus 和 Grafana，Python 还提供了许多库和工具，用于实现实时监控和警报系统。例如，可以使用 Python 的 requests 库来定期发送请求并监测应用程序的可用性。可以使用 Python 的 SMTP 库来发送警报邮件或短信通知。还可以使用 Python 的定时任务库，如 APScheduler 或 Celery，来执行定期监控任务。

在设置实时监控和警报系统时，应该考虑以下几个关键方面。

- 监控目标的选择：确定要监控的关键指标和事件，包括网络流量、CPU 利用率、请求频率等。

- 监控数据的收集：选择合适的工具和库来收集监控数据，并将其存储在适当的存储系统中，如 Prometheus。
- 警报规则的设置：定义适当的警报规则，根据监控数据的阈值和条件触发警报通知。
- 警报通知的配置：配置警报通知方式，如邮件、短信、Slack 等，并确保及时接收和响应警报通知。

在实际应用中，Prometheus 和 Grafana 提供了强大的监控和可视化功能，而 Python 库和工具可以用于定制化的监控和警报需求。通过合理设置和配置监控规则，用户可以及时检测到安全事件并采取相应的措施，从而提高 Web 应用的安全性。

7.3.4 实时日志分析和可视化

实时日志分析和可视化是安全监控和事件响应的关键环节。通过使用 Python，用户可以进行实时日志分析和可视化，以便更好地了解和监测 Web 应用的安全状况。以下是一些方法和常见的工具，可用于实现实时日志分析和可视化。

- 数据分析和可视化的重要性：实时日志分析和可视化帮助用户理解系统的行为和安全事件的发生情况。通过对日志数据进行分析，可以发现异常行为、识别潜在的攻击，从而采取相应的安全措施。可视化工具能够以图形化的方式展示日志数据，使用户能够更直观地了解系统的运行情况和安全事件的趋势。
- Elasticsearch：一个开源的分布式搜索和分析引擎，广泛应用于实时日志分析。它提供了快速的文本搜索和高效的数据聚合能力，能够处理大规模的日志数据。通过使用 Python 的 Elasticsearch 库，用户可以轻松地与 Elasticsearch 进行交互，实现实时日志数据的存储和检索。
- Kibana：一个开源的数据可视化工具，用于与 Elasticsearch 集成并创建交互式的仪表板。它提供了丰富的图表和可视化选项，可用于展示实时日志数据的各种统计指标和趋势。通过 Kibana，用户可以自定义仪表板，构建实时的日志监控视图。

下面是一个示例，演示如何使用 Python 进行实时日志分析和可视化：

```python
from elasticsearch import Elasticsearch

#连接到Elasticsearch
es = Elasticsearch(['localhost:9200'])

#查询并分析日志数据
result = es.search(index='weblogs', body={
  "query": {
    "match": {
      "message": "security"
```

```
    }
  },
  "aggs": {
   "by_ip": {
    "terms": {
     "field": "ip_address.keyword"
    }
   }
  }
}

#提取并可视化分析结果
ip_addresses = [bucket['key'] for bucket in result['aggregations']['by_ip']['buckets']]
count = [bucket['doc_count'] for bucket in result['aggregations']['by_ip']['buckets']]

#进行图表可视化
import matplotlib.pyplot as plt

plt.bar(ip_addresses, count)
plt.xlabel('IP Address')
plt.ylabel('Count')
plt.title('Security Log Analysis')
plt.show()
```

在这个示例中，首先使用 Python 的 Elasticsearch 库连接到 Elasticsearch，并查询名为 weblogs 的日志索引。然后通过指定查询条件和聚合操作，可以获取与安全相关的日志数据，并进行统计分析。最后使用 Matplotlib 库创建柱状图，将 IP 地址和对应的日志数量可视化出来。总之，使用 Python 的 Elasticsearch 库和可视化工具（如 Kibana），可以实现实时日志分析和可视化，帮助用户更好地监测和了解 Web 应用的安全状况。

7.3.5 安全日志的保护和存储

保护和存储安全日志是确保日志数据完整性和机密性的关键措施。通过使用 Python，可以实施各种方法来保护和存储安全日志。以下是一些常用的技术和方法。

- 日志的完整性保护：确保日志数据的完整性是防止篡改和伪造的重要步骤。一种常用的方法是使用哈希函数对日志数据进行签名，以便在后续验证时检测其是否被篡改。Python 的 hashlib 库提供了各种哈希算法，如 SHA-256，可用于计算哈希值。
- 日志的机密性保护：有时候，安全日志可能包含敏感信息，如用户凭据或个人身份信息。在存储过程中，应该确保这些敏感信息的机密性。一种常用的方法是对日志数据进行加密，以确保只有经过授权的人员才能够解密和查看日志。

Python 的 cryptography 库提供了各种加密算法和工具，可用于实现日志数据的
加密和解密。

- 安全存储技术：选择合适的安全存储技术对日志数据进行长期保存和保护。一种常
  用的方法是使用安全数据库，如使用 SQLite 或加密的关系型数据库来存储安全日
  志。此外，也可以考虑使用安全的日志管理工具，如 ELK（Elasticsearch、Logstash、
  Kibana）堆栈，它提供了日志集中存储和管理的解决方案。

下面是一个示例，演示如何使用 Python 实现安全日志记录和监控：

```python
import logging
from cryptography.fernet import Fernet

#配置日志记录器
logger = logging.getLogger('security')
logger.setLevel(logging.INFO)

#创建文件处理器
file_handler = logging.FileHandler('security.log')

#创建加密器
key = Fernet.generate_key()
cipher = Fernet(key)

#创建自定义日志格式
formatter = logging.Formatter('%(asctime)s - %(levelname)s - %(message)s')

#设置日志记录器的处理器和格式
file_handler.setFormatter(formatter)
logger.addHandler(file_handler)

#定义需要记录的安全事件
event = "Unauthorized access attempt from IP: 192.168.1.100"

#使用加密器加密日志消息
encrypted_event = cipher.encrypt(event.encode())

#将加密的日志消息写入日志文件中
logger.info(encrypted_event)

#从日志文件中读取加密的日志消息并解密
with open('security.log', 'r') as file:
    encrypted_event = file.read()
```

```
decrypted_event = cipher.decrypt(encrypted_event.encode())
logger.info(decrypted_event.decode())
```

在这个示例中，首先，配置了一个名为 security 的日志记录器，并将日志级别设置为 INFO。然后，创建一个文件处理器来将日志消息写入文件中。接着，生成了一个加密密钥，并使用 Fernet 类创建了一个加密器。定义了一个安全事件，并使用加密器加密日志消息并写入日志文件中。最后，读取日志文件中加密的日志消息，并使用加密器解密它。

通过以上的方法，用户可以实现安全的日志记录和监控，保护日志数据的完整性和机密性，以及使用 Python 的加密库和解密库来处理安全日志。

7.4　使用 Python 进行 Web 应用安全测试

7.4.1　Web 应用安全测试概述

Web 应用安全测试是评估和验证 Web 应用的安全性的过程。在当今数字化的时代，Web 应用扮演着关键的角色，但也面临着日益增长的安全威胁。安全测试的目的是发现和修复潜在的漏洞和弱点，以保护 Web 应用免受恶意攻击者的入侵。

安全测试对于任何涉及用户数据、敏感信息或业务流程的 Web 应用都至关重要。它可以帮助识别各种安全漏洞，如跨站脚本攻击（XSS）、SQL 注入、跨站请求伪造（CSRF）、身份验证和授权问题等。通过及时发现和解决这些漏洞，可以提高 Web 应用的安全性，保护用户数据的机密性和完整性。

使用 Python 进行 Web 应用安全测试具有一些显著的优势。首先，Python 是一种简单而强大的编程语言，具有丰富的库和框架，可用于构建各种安全测试工具和脚本。其简洁的语法和丰富的第三方库使得编写安全测试脚本变得更加高效和便捷。其次，Python 具有广泛的社区支持和活跃的开发者社区，这意味着用户可以轻松地找到现成的安全测试工具、库和框架，并获取相关的文档、教程和支持。再次，Python 的可移植性和跨平台性使得它成为一种灵活的选择，可以在不同的操作系统和环境中运行安全测试。最后，Python 具有易于学习和易于理解的语法，这使得即使是安全测试的初学者也能够快速上手，并编写有效的测试脚本。

7.4.2　常用的 Web 应用安全测试工具

在进行 Web 应用安全测试时，有许多常用的工具和库可供选择。下面介绍一些常见的 Web 应用安全测试工具，以及它们的功能和用途。

1. OWASP Zap

OWASP Zap 是一款功能强大的开源安全测试工具，用于发现 Web 应用中的漏洞和弱点。它可以进行自动化的漏洞扫描、弱点探测和安全漏洞修复建议，帮助开发人员和安全专业人员识别和修复 Web 应用中的安全问题。

2. Burp Suite

Burp Suite 是一套用于 Web 应用安全测试的集成工具，包含了代理、扫描器、蜘蛛和拦截器等功能。它可以拦截和修改 HTTP 请求与响应，进行漏洞扫描、会话管理、参数化攻击等。

3. sqlmap

sqlmap 是一款专门用于自动化 SQL 注入检测和利用的工具。它可以检测 Web 应用中的 SQL 注入漏洞，并提供多种注入技术和攻击选项。

这些工具都是非常强大且广泛使用的 Web 应用安全测试工具。它们提供了丰富的功能和灵活的配置选项，可以帮助安全专业人员发现和修复 Web 应用中的安全漏洞。在实践中可以根据需要选择合适的工具，并结合 Python 编写代码来扩展其功能和自动化测试过程。

7.4.3 使用 Python 进行安全扫描和漏洞检测

安全扫描和漏洞检测是 Web 应用安全测试的重要环节。安全扫描是指对 Web 应用进行全面的扫描，以发现可能存在的安全漏洞和弱点。漏洞检测是指专门检测某一类型或特定漏洞的过程，如 SQL 注入、跨站脚本攻击等。使用 Python 编写脚本可以实现自动化的安全扫描和漏洞检测，提高测试的效率和准确性。

以下是使用 Python 进行安全扫描和漏洞检测的基本步骤。

（1）确定扫描目标。确定要扫描和检测的目标 Web 应用。可以是单个 URL、整个网站或特定功能模块。

（2）确定漏洞类型。根据需要确定要检测的漏洞类型，如 SQL 注入、跨站脚本攻击、文件上传漏洞等。

（3）选择合适的工具。选择适合自身需求的 Python 安全扫描和漏洞检测工具。一些常用的工具如下。

- OWASP ZAP：可用于全面扫描和检测 Web 应用中的各种漏洞。它提供了 Python API，可以编写脚本进行自动化测试。
- Nikto：专注于 Web 服务器漏洞扫描，可以通过 Python 脚本集成和控制。
- sqlmap：用于自动化检测和利用 SQL 注入漏洞的工具，可以通过 Python 脚本进行批量测试。

（4）编写扫描脚本。使用 Python 编写脚本来控制扫描工具，并处理扫描结果。脚本可以根据需要设置扫描参数、定义目标 URL、执行漏洞检测和生成报告等。参考代码如下：

```
import subprocess
target_url = "http://example.com"
scan_command = ["zap-cli", "-p", "8080", "-t", target_url, "-d", "-s", "-r",
"scan_report.html"]
subprocess.run(scan_command, check=True)
```

（5）解析和分析结果。脚本可以解析扫描工具生成的报告文件或输出，提取有关漏洞的信息，并进行进一步的分析和处理。可以根据需要生成自定义的报告，记录漏洞详情、修复建议等。参考代码如下：

```
import re

report_file = "scan_report.html"
vulnerabilities = []

with open(report_file, "r") as f:
    content = f.read()
    #使用正则表达式提取漏洞信息
    vulnerabilities = re.findall(r"<vulnerability>(.*?)</vulnerability>",
content)

for vuln in vulnerabilities:
    print("漏洞：", vuln)
```

（6）自动化测试流程。将以上步骤组合起来，形成自动化的安全扫描和漏洞检测流程。可以编写脚本来批量测试多个目标，定时执行测试任务，并集成到持续集成/持续交付流程中。

以上是使用 Python 进行安全扫描和漏洞检测的基本步骤。根据实际需求和选用的工具，可以进行适当的调整和定制。使用 Python 编写脚本可以提高测试的效率，实现自动化和可扩展的安全测试流程。

7.4.4 使用 Python 进行渗透测试

渗透测试是指通过模拟攻击者的行为和技术，对目标系统进行安全评估和漏洞验证的过程。使用 Python 编写脚本可以帮助进行自动化的渗透测试，提高测试效率和准确性。

使用 Python 进行渗透测试的基本步骤和方法如下。

（1）确定测试目标。确定要进行渗透测试的目标系统，如网络设备、应用程序、数据库等。

（2）收集信息。收集目标系统的相关信息，包括 IP 地址、域名、子域名、开放端口等。可以使用 Python 编写脚本来自动化信息收集过程，如使用 socket 模块扫描开放端口。参考代码如下：

```
import socket

target_host = "example.com"
target_port_range = range(1, 100)

for target_port in target_port_range:
    sock = socket.socket(socket.AF_INET, socket.SOCK_STREAM)
    result = sock.connect_ex((target_host, target_port))
    if result == 0:
        print(f"端口 {target_port} 开放")
    sock.close()
```

（3）漏洞扫描和验证。使用 Python 编写脚本来自动化漏洞扫描和验证过程。可以使用一些常用的渗透测试工具，如 Metasploit、Nmap 等，通过 Python 脚本来控制和调用这些工具进行漏洞扫描和验证。参考代码如下：

```
import subprocess
target_host = "example.com"
#使用 Nmap 进行漏洞扫描
scan_command = ["nmap", "-p- --script vuln", target_host]
scan_result = subprocess.run(scan_command, capture_output=True, text=True)
print(scan_result.stdout)
```

（4）漏洞利用。根据发现的漏洞和系统特点，使用合适的 Python 工具和脚本进行漏洞利用，这可能包括执行远程代码、绕过访问控制、提权等操作。需要注意的是，漏洞利用涉及攻击行为，必须在合法授权和法律框架下进行。参考代码如下：

```
import requests

target_url = "http://example.com/vulnerable_endpoint"
payload = "<script>alert('XSS')</script>"

#使用 Python 进行 XSS 漏洞利用
response = requests.post(target_url, data={"input": payload})

if response.status_code == 200:
    print("XSS 漏洞利用成功")
```

（5）漏洞报告和整理。根据渗透测试的结果，整理并生成漏洞报告。报告应包括发现的漏洞、漏洞的严重程度、修复建议等。使用 Python 编写脚本可以辅助整理和生成报告的过程。

以上是使用 Python 进行渗透测试的基本步骤和方法。渗透测试属于高风险活动，必须在合法授权和法律框架下进行，且严格遵守道德规范。在进行渗透测试时，务必遵循适用的法律法规和道德准则。

7.4.5　自动化安全测试工具和框架

自动化安全测试工具和框架可以提高测试效率和准确性，帮助发现潜在的安全漏洞和风险。以下是一些常用的自动化安全测试工具和框架。

1. Selenium

Selenium 是一个被广泛使用的自动化测试工具，用于模拟用户在 Web 应用中的操作。它可以实现自动化的 UI 测试，并且可以用于执行一些基本的安全测试任务，如注入攻击和跨站脚本攻击的验证。

下面详细介绍 Selenium 的使用步骤和示例代码。

1）安装 Selenium 库

在使用 Selenium 之前，首先需要安装 Selenium 库，可以使用 pip 命令进行安装。示例代码如下：

```
pip install selenium
```

2）配置 Web 驱动器

Selenium 需要与特定的 Web 浏览器进行交互，因此需要下载并配置相应的 Web 驱动器。常见的浏览器驱动器包括 Chrome Driver、Firefox Gecko Driver 等。用户下载适用于自己使用的浏览器版本的驱动器，并将其配置到系统路径中。

3）创建 Selenium WebDriver 实例

在 Python 脚本中，需要导入 Selenium 库并创建一个 WebDriver 实例，用于与 Web 应用进行交互。使用 Chrome 浏览器的示例代码如下：

```
from selenium import webdriver

#创建 Chrome 浏览器的 WebDriver 实例
driver = webdriver.Chrome()
```

4）执行自动化操作

通过 WebDriver 实例，可以模拟用户在 Web 应用中的操作，如单击按钮、填写表单等。以下是几个示例操作：

```
#打开目标网站
driver.get("https://example.com")
#定位元素并进行操作
element = driver.find_element_by_id("username")
```

```
element.send_keys("user123")

#单击按钮
button = driver.find_element_by_id("login-button")
button.click()
```

5）进行安全测试

Selenium 还可以用于执行一些基本的安全测试任务，如验证注入攻击和跨站脚本攻击。通过模拟恶意输入或注入攻击代码，可以测试 Web 应用的安全性。示例代码如下：

```
#模拟注入攻击
payload = "'; SELECT * FROM users; --"
element = driver.find_element_by_id("search-input")
element.send_keys(payload)
search_button = driver.find_element_by_id("search-button")
search_button.click()

#验证结果
results = driver.find_elements_by_css_selector(".search-results")
if len(results) > 0:
    print("可能存在注入漏洞")
else:
    print("未发现注入漏洞")
```

通过使用 Selenium，可以编写自动化测试脚本来模拟用户操作和验证 Web 应用的安全性。根据具体的测试需求，可以结合其他工具和技术来扩展 Selenium 的功能。例如，使用 Selenium Grid 进行分布式测试或使用 Selenium WebDriver 与其他库集成。

使用 Selenium 进行测试的示例代码如下：

```
from selenium import webdriver

#创建 Chrome 浏览器的 WebDriver 实例
driver = webdriver.Chrome()

#打开目标网站
driver.get("https://example.com")

#定位元素并进行操作
element = driver.find_element_by_id("username")
element.send_keys("user123")

#点击按钮
button = driver.find_element_by_id("login-button")
button.click()
```

```
#模拟注入攻击
payload = "'; SELECT * FROM users; --"
element = driver.find_element_by_id("search-input")
element.send_keys(payload)
search_button = driver.find_element_by_id("search-button")
search_button.click()

#验证结果
results = driver.find_elements_by_css_selector(".search-results")
if len(results) > 0:
    print("可能存在注入漏洞")
else:
    print("未发现注入漏洞")
```

2．Robot Framework

Robot Framework 是一个通用的自动化测试框架，它支持多种测试类型，包括功能测试和安全测试。通过使用 Robot Framework 的扩展库和关键字，可以轻松地执行各种安全测试任务，如漏洞扫描、参数化攻击等。使用 Robot Framework 进行 Web 应用安全测试的步骤如下。

（1）安装 Robot Framework。使用 pip 命令进行安装的示例代码如下：

```
pip install robotframework
```

（2）安装相关库。安装 Robot Framework 的 Selenium 库，以便与 Selenium 进行集成。示例代码如下：

```
pip install robotframework-seleniumlibrary
```

（3）创建测试用例。使用 Robot Framework 的语法编写测试用例，包括定义关键字、操作步骤和断言。

（4）执行测试。使用 Robot Framework 的命令行工具执行测试用例。测试用例的示例代码如下：

```
*** Settings ***
Library          SeleniumLibrary

*** Test Cases ***
Login Test
    Open Browser    https://example.com    chrome
    Input Text      username    user123
    Click Button    login-button
    Page Should Contain Element    welcome-message
```

通过编写测试用例，我们可以使用 Robot Framework 自动化执行一系列的安全测试任务，并验证 Web 应用的安全性。

7.5　使用 Python 构建安全的 API 和微服务

在构建 API 和微服务时，安全性是一个至关重要的考虑因素。本节将介绍使用 Python 构建安全的 API 和微服务时应考虑的安全问题，并提供一些使用 Python 实现 API 认证、访问控制和数据保护的示例代码。

1. API 认证

API 认证是确保只有经过授权的用户可以访问 API 的一种方式。使用 Python 实现 API 认证的示例代码如下：

```python
from flask import Flask, request, jsonify
from functools import wraps

app = Flask(__name__)

#定义认证装饰器
def authenticate(f):
    @wraps(f)
    def decorated(*args, **kwargs):
        token = request.headers.get('Authorization')

        #验证令牌的合法性
        if token == 'YOUR_API_TOKEN':
            return f(*args, **kwargs)
        else:
            return jsonify({'message': 'Authentication failed.'}), 401

    return decorated

#受保护的 API 端点
@app.route('/protected', methods=['GET'])
@authenticate
def protected_resource():
    return jsonify({'message': 'This is a protected resource.'})

if __name__ == '__main__':
    app.run()
```

在上述示例中，定义了一个 authenticate 装饰器，用于对受保护的 API 端点进行认证。在请求头中，检查是否存在与预定义的 API 令牌相匹配的授权令牌。如果认证失败，则返回 401 未授权的响应。

2. 访问控制

访问控制是确保只有授权用户可以执行特定操作的一种机制。使用 Python 实现基于角色的访问控制的示例代码如下：

```python
from flask import Flask, request, jsonify
from functools import wraps

app = Flask(__name__)

#定义角色授权装饰器
def authorize(role):
    def decorator(f):
        @wraps(f)
        def decorated(*args, **kwargs):
            #检查用户角色是否具有所需权限
            if check_permission(request.user.role, role):
                return f(*args, **kwargs)
            else:
                return jsonify({'message': 'Access denied.'}), 403

        return decorated
    return decorator

#受保护的 API 端点，只允许管理员访问
@app.route('/protected', methods=['GET'])
@authenticate
@authorize('admin')
def protected_resource():
    return jsonify({'message': 'This is a protected resource.'})

if __name__ == '__main__':
    app.run()
```

在上述示例中，定义了一个 authorize 装饰器，用于对受保护的 API 端点进行访问控制。在装饰器中，检查请求用户的角色是否具有所需的权限。如果权限验证失败，则返回 403 禁止访问的响应。

3．数据保护

保护传输和存储的数据是构建安全 API 和微服务的关键。使用 Python 实现数据保护的示例代码如下：

```python
from flask import Flask, request
from flask_cors import CORS
from cryptography.fernet import Fernet

app = Flask(__name__)
CORS(app)

#生成密钥
key = Fernet.generate_key()
cipher_suite = Fernet(key)

#加密数据
def encrypt_data(data):
    encrypted_data = cipher_suite.encrypt(data.encode())
    return encrypted_data

#解密数据
def decrypt_data(encrypted_data):
    decrypted_data = cipher_suite.decrypt(encrypted_data.encode())
    return decrypted_data

@app.route('/protected', methods=['POST'])
def protected_resource():
    encrypted_data = request.json.get('data')
    decrypted_data = decrypt_data(encrypted_data)
    #处理解密后的数据

if __name__ == '__main__':
    app.run()
```

在上述示例中，使用 cryptography 库生成密钥，并使用 Fernet 算法对数据进行加密和解密。在 API 中，接收加密的数据，并使用密钥解密数据以进行进一步处理。

总之，在使用 Python 构建安全的 API 和微服务时，我们应该关注 API 认证、访问控制和数据保护等安全问题。以上示例代码提供了使用 Python 实现这些安全机制的示例，可以根据实际需求进行定制和扩展。

实践任务：构建安全的 Web 应用

【需求分析】

构建一个安全的 Web 应用，包括用户认证、访问控制、数据保护等功能。用户可以注册账号、登录、访问受保护的资源，并对敏感数据进行加密保护。读者需要使用 Python 及相关库和框架实现这个 Web 应用，并通过实践任务加深对 Web 应用安全的理解。

【实现思路】

- 读者可以使用 Django 框架来构建 Web 应用。Django 提供了一套完整的开发框架，包含认证、访问控制、数据处理等功能，能够帮助学生快速搭建安全的 Web 应用。
- 读者需要设计数据库模型，包括用户表、受保护资源表等，用于存储用户信息和受保护资源。
- 读者需要实现用户注册、登录功能，并确保密码的安全存储和验证。
- 读者需要设计访问控制机制，根据用户角色和权限限制用户对受保护资源的访问。
- 读者需要使用加密算法对敏感数据进行加密，并实现相应的加密和解密逻辑。

【任务分解】

- 需求分析和数据库设计：读者需要详细分析需求，并设计合适的数据库模型。
- Django 项目搭建：读者需要搭建 Django 项目，并配置相关环境。
- 用户认证功能实现：读者需要实现用户注册、登录功能，并保证密码的安全性。
- 访问控制功能实现：读者需要设计并实现访问控制机制，限制用户对受保护资源的访问。
- 数据保护功能实现：读者需要使用加密算法对敏感数据进行加密和解密，确保数据的安全性。
- 测试和调试：读者需要进行测试和调试，确保 Web 应用的安全功能正常运行。

【参考代码】

下面是一个简化的参考代码，供学生参考和实践。

```
#models.py
from django.db import models
from django.contrib.auth.models import AbstractUser


class CustomUser(AbstractUser):
    #自定义用户模型，添加角色字段等
    role = models.CharField(max_length=20)
```

```python
class ProtectedResource(models.Model):
    #受保护的资源模型
    name = models.CharField(max_length=100)
    content = models.TextField()

#views.py
from django.shortcuts import render
from django.contrib.auth.decorators import login_required
from .models import ProtectedResource

@login_required
def protected_view(request):
    resources = ProtectedResource.objects.all()
    return render(request, 'protected.html', {'resources': resources})

#forms.py
from django import forms
from .models import CustomUser

class UserRegistrationForm(forms.ModelForm):
    password = forms.CharField(widget=forms.PasswordInput())

    class Meta:
        model = CustomUser
        fields = ('username', 'password', 'role')

#urls.py
from django.urls import path
from . import views

urlpatterns = [
    path('protected/', views.protected_view, name='protected'),
    #其他 URL 配置
]
```

　　在上述代码中，使用 Django 框架实现了用户认证和访问控制功能。自定义的用户模型 CustomUser 中添加了角色字段，用于控制用户的权限。受保护资源模型 ProtectedResource 用于存储受保护的资源信息。protected_view 是一个受保护的视图，使用 login_required 装饰器要求用户登录后才能访问。UserRegistrationForm 是用户注册表单，使用密码输入框并继承自 ModelForm。通过完成以上综合实践任务，读者将能够深入理解和应用 Python 在构建安全 Web 应用方面的能力，并加深对于 Web 应用安全的认识。

评价项	评价内容	得分
代码分析	代码思路分析	
代码设计	代码算法设计	
代码编写	功能实现与代码规范	
代码测试	测试用例	

本章介绍了使用 Python 构建安全的 Web 应用的重要性和方法。首先，探讨了 Web 服务器安全的基本概念，包括 Web 应用安全测试、安全日志记录和监控等。然后，重点讨论了使用 Python 开发安全的 Web 应用的技术，涵盖了常用的框架和库，如 Django 和 Flask。并且学习了如何实现用户认证、访问控制和数据保护等关键功能。接着，深入研究了安全日志记录、实时监控和警报系统，以及安全事件响应和自动化的方法。最后，介绍了实时日志分析和可视化，以及安全日志的保护和存储技术。通过学习本章，读者将了解到如何使用 Python 构建安全的 Web 应用，并具备实践能力。同时，读者可以掌握安全日志记录、监控和分析的技术，以及安全测试和渗透测试的方法。这些知识和技能将有助于提升 Web 应用的安全性，保护用户的隐私和数据安全。

本 章 练 习

1．什么是身份认证和访问控制？为什么在 Web 应用中它们是重要的安全机制？

2．什么是跨站脚本攻击（XSS）和 SQL 注入攻击？如何防止这些攻击？

3．为什么安全日志记录和监控对于 Web 应用的安全性至关重要？提供一个实际案例说明其重要性。

4．什么是渗透测试？为什么渗透测试对于发现和修复 Web 应用中的安全漏洞至关重要？

5．Python 中有哪些常用的安全库和框架？请列举并简要介绍它们的用途和特点。